"十三五"国家重点图书出版规划项目
改革发展项目库2017年入库项目

"金土地"新农村书系 · 特种养殖编

蚯蚓

生态养殖技术

熊家军　杜利强　李顺才 / 编著

SPM 南方出版传媒
广东科技出版社 | 全国优秀出版社
· 广　州 ·

图书在版编目（CIP）数据

蚯蚓生态养殖技术 / 熊家军，杜利强，李顺才编著．—广州：广东科技出版社，2018.6（2022.6重印）
（“金土地”新农村书系·特种养殖编）
ISBN 978-7-5359-6853-1

Ⅰ．①蚯… Ⅱ．①熊… ②杜… ③李… Ⅲ．①蚯蚓—生态养殖 Ⅳ．① S899.8

中国版本图书馆 CIP 数据核字（2018）第 018085 号

蚯蚓生态养殖技术
Qiuyin Shengtai Yangzhi Jishu

责任编辑：尉义明
封面设计：柳国雄
责任校对：梁小帆
责任印制：彭海波
出版发行：广东科技出版社
（广州市环市东路水荫路 11 号 邮政编码：510075）
销售热线：020-37607413
http：//www.gdstp.com.cn
E-mail：gbkjbw@nfcb.com.cn（编务室）
经 销：广东新华发行集团股份有限公司
排 版：创溢文化
印 刷：广东鹏腾宇文化创新有限公司
（珠海市高新区唐家湾镇科技九路 88 号 10 栋 邮政编码：519085）
规 格：889mm × 1 194mm 1/32 印张 5 字数 130 千
版 次：2018 年 6 月第 1 版
2022 年 6 月第 3 次印刷
定 价：16.80 元

内容简介

Neirongjianjie

本书围绕蚯蚓生态养殖技术，从蚯蚓的概述、生物学特性、生长繁殖特点与育种、场地选择与养殖方式、基料与添加剂的配制、饲养管理、采收处理与运输、病虫害防治等方面做了详细介绍。书中知识全面、系统，介绍的蚯蚓养殖技术先进、实用，可操作性强，适于蚯蚓养殖场（户）及相关人员参考阅读。

内容简介

[illegible]

前言

Qianyan

蚯蚓大多数在陆地生活，穴居土壤中，主要以腐烂的有机物为食，分解、转化有机物的能力很强，对自然界的物质循环和生态平衡具有重要的作用，与人类的关系十分密切。在中医学上称蚯蚓为“地龙”，是重要的中药材之一。

蚯蚓也是名副其实的优质蛋白质饲料。近年来，随着世界各国畜禽、水产养殖业迅速发展，对动物性蛋白质饲料的需求量越来越大，加之环境污染，对鱼类的滥捕，导致鱼粉等动物性蛋白质饲料严重供应不足。为此，不少国家发展蚯蚓养殖，并进行了利用蚯蚓开辟蛋白质饲料新来源的研究。研究发现，蚯蚓含41.6%~66%的粗蛋白质，其蛋白质含量稍稍低于秘鲁鱼粉，但高于饲用酵母、豆饼，为玉米蛋白质含量的6倍以上。目前，国内外许多饲料厂将蚯蚓粉作为动物的配合饲料成分用于养猪、养鸡、养鱼等。

蚯蚓不仅能改变土壤的物理性质，而且还能改变土壤的化学性质，增加了土壤肥力，在处理城市生活垃圾和商业垃圾方面，蚯蚓也能起很大的作用。蚯蚓的传统研究和利用都是以野生为主，我国于1979年从日本引进适于人工养殖的“大平2号”蚯蚓和“北星2号”蚯蚓。蚯蚓具有分布广、适应性强、繁殖快、用途广等特点，我国是一个发展蚯蚓养殖和提高蚯蚓

养殖效益有极大潜力的国家，为了促进蚯蚓养殖健康发展，我们在多年教学、科研和生产实践的基础上，参考大量文献资料，围绕蚯蚓生态养殖的核心关键技术编写了本书。

本书在编写过程中得到许多同仁的关心和支持，并且在书中引用了一些专家学者的研究成果和相关书刊资料，在此一并表示感谢。在编撰过程中，虽经多次修改和校正，但由于作者水平有限，时间紧迫，不当和错漏之处在所难免，诚望专家、读者提出宝贵意见。

目 录

Mulu

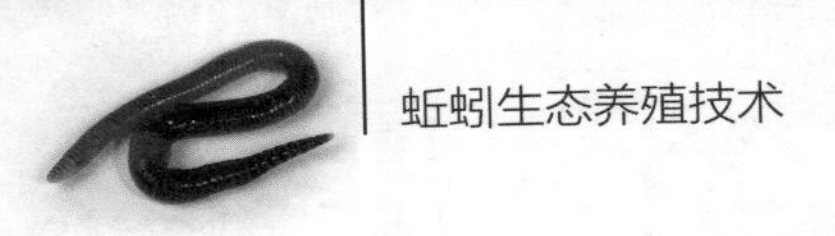

一、概　　述

（一）蚯蚓的种类及分布

蚯蚓，在动物学分类上属于环节动物门的寡毛纲。此类动物头部不明显，感觉器官不发达；具有刚毛，无疣足，雌雄同体，直接发育。寡毛纲一般分为三个目：①近孔目：体形较小，常生活在淡水的泥底中，常见的有膘体虫、尾盘蚓及水丝蚓等。②前孔目：体形小，水生或寄生，如带丝蚓、蛭形蚓等。③后孔目：体形较大，都生活在土壤中，常见的有环毛蚓、杜拉蚓、异唇蚓等。

蚯蚓大多数在陆地生活，穴居土壤中，称陆栖蚯蚓；少数生活在淡水中，称水栖蚯蚓；少数寄生。蚯蚓的分布很广，几乎遍布全世界。目前，已知的蚯蚓有 3 000 余种，其中约 3/4 是陆栖蚯蚓。我国的蚯蚓有 170 多种，而且还有许多新种正在不断地被发现。蚯蚓广泛分布于全国各地，在这些种类中以巨蚓科环毛属的蚯蚓品种最多，分布最广。我国大部分地区，从南方砖红壤土、红壤土、黄壤土地区，向北一直到黄棕壤土，华北的潮土、褐土，东北的棕壤、黑土和西北的紫色土地区，都有环毛蚓属蚯蚓的分布，目前已发现 100 余种。其次是正蚓科的异唇属和爱胜属蚯蚓，在东北、华北、华中、西北、华东及北京、天津、内蒙古、新疆等地区都有分布。另一个分布较广的类群是链胃科的杜拉属蚯蚓，在棕壤土、褐土、黄绵土、黑土、栗钙土及红壤土地区都有发现。正蚓科的双胸属蚯蚓，在黄河中下游地区分布较多，在东北、北京、江苏、四川、江西及西藏也有发现。其他如槽蚓属、双胃属、呼啰属及线蚓属的蚯蚓只分别在福建、广东、海南、江西等地出现。

（二）蚯蚓的经济价值

蚯蚓与人类的关系十分密切，我国最早在距今2 500年前的《诗经》中已有记载。唐朝东方虬的《蚯蚓赋》中对蚯蚓的形态、习性等有绘影绘声的描述："雨欲垂而乃见，暑既至而先鸣，乍逶迤而缮曲，或宛转而蛇行。内乏筋骨，外无手足，任性而上，击物便曲"。1578年，明朝著名医学家李时珍在《本草纲目》中对蚯蚓的形态结构和生活习性也有详细的记载，称蚯蚓为"地龙"而入药。1837年，达尔文在《通过蚯蚓的活动植物土壤的形成》中系统阐述了蚯蚓在形成和改良土壤及考古学上的功绩。目前，蚯蚓除作为传统的中药外，还可提取蚓激酶、氨基酸，作为轻工业的原料，生产美肤剂化妆品，亦可作为现代畜牧业、渔业的优良饲料和饵料。除此之外，人们还利用蚯蚓来改良土壤，培肥地力，有的还用它处理城市垃圾、治理环境污染等。

1. 蚯蚓的医疗保健价值

蚯蚓在中医学上称为"地龙"，是重要的中药材之一。蚯蚓药用始载于《神农本草经》，以历代本草多有收载。明朝李时珍在《本草纲目》中称之具有通经活络、活血化瘀的作用，记载了应用蚯蚓的中药处方40多个。我国传统中医认为，地龙性寒味咸，归肝、脾、膀胱经，具有清热定惊、通络、平喘、利尿的功效，传统用于治疗高热神昏、惊痫抽搐、关节痹痛、肢体麻木、半身不遂、肺热咳喘、尿少水肿及高血压等。

近年来，随着科学技术的进步，人们对蚯蚓的药用成分、药理作用进行了深入的研究。据分析，蚯蚓体内含有地龙素、地龙解热素、地龙解毒素、黄嘌呤、抗组织胺、胆碱、核酸衍生物等多种药

用成分。现代生物科学技术，可以从蚯蚓体内提取多种药用成分（如蚓激酶、地龙素等）制成防治疾病的保健品，如抗脑血栓的溶栓胶囊、百奥蚓激酶、龙津胶囊、血脂康等。还可从蚯蚓体内提取各种氨基酸和各种酶类，它们是一类极好的化妆品原料，由蚯蚓提取物制作成的化妆品——橘油蚯蚓霜，有促进皮肤新陈代谢、防止皮肤老化、增强其弹性、延缓衰老的功效。蚯蚓的浸出液对久治不愈的慢性溃疡和烫伤都有一定的疗效。

2. 畜禽、水产养殖的优质蛋白质饲料

随着社会的进步和科学技术的发展，人们的食品结构已经或正在从淀粉类转向蛋白质类，尤其是在一些经济较为发达的国家，肉类食物几乎占人们食品的 1/2。为满足人们对蛋白质食品的需求，世界各国畜禽、水产养殖业迅速发展，对动物性蛋白质饲料的需求量越来越大，加之环境污染，对鱼类的滥捕，导致鱼粉等动物性蛋白质饲料严重供应不足，开辟蛋白质饲料的新来源已成为迫切需要解决的问题。综合衡量某一种饲料营养价值的高低，除看蛋白质含量外，还要看蛋白质的品质如何，即蛋白质的氨基酸种类及其含量、比例。据报道，蚯蚓蛋白质中含有不少氨基酸，这些氨基酸是畜、禽和鱼类生长发育所必需的，其中含量最高的是亮氨酸，其次是精氨酸和赖氨酸。蚯蚓蛋白质中精氨酸含量为花生蛋白质的 2 倍，是鱼蛋白的 3 倍；色氨酸的含量则为动物血粉蛋白的 4 倍，为牛肝的 7 倍。蚯蚓的脂肪含量也较高，每千克代谢能约 12 260 焦耳，仅次于玉米，而高于秘鲁鱼粉、饲用酵母和豆饼。蚯蚓体内还含有丰富的维生素 A、维生素 B、维生素 E、各种矿物质及微量元素。据测定，每 100 克蚯蚓体内含有维生素 B_1 0.25 毫克，维生素 B_2 2.3 毫克。蚯蚓体内铁的含量是豆饼的 10 倍以上，为鱼粉的 14 倍；铜的含量为鱼粉的 2 倍；锰的含量是豆饼或鱼粉的 4~6 倍；锌的含量

为豆饼或鱼粉的 3 倍以上；尤其是蚯蚓体内磷的利用率高达 90%。由此可见，蚯蚓是名副其实的优质蛋白质饲料新资源。

目前，国内外许多饲料厂将蚯蚓粉作为动物的配合饲料成分用于养猪、养鸡、养鱼等。实践证明，用蚯蚓饲喂的猪、鸡、鸭和鱼生长快，味道鲜美，其主要原因在于蚯蚓蛋白质含量丰富，而且容易被畜、禽和鱼类消化吸收。资料表明：在饲料中添加 2%~3% 的蚯蚓粉饲喂各种动物，猪生长速度提高 74.2% 以上；鸡的产蛋量提高 17%~25%，生长速度加快 30%~100%；鳖可增产 30%~60%；黄鳝体重增长 40%；对虾、河蟹、鳗鱼等均增产 30% 以上，饲料成本下降 40%~60%。

3. 蚯蚓在农业方面的应用

著名生物学家达尔文在 1881 年编著的《蚯蚓的习性和它对形成植物土壤的作用》一书中就写到，蚯蚓是农业的犁手，是改良土壤的能手等。团粒结构是农业上最好的土壤结构，而蚯蚓能使土壤形成团粒结构。一般蚯蚓吞食有机物和泥土，经过砂囊研磨、体内消化酶和微生物的作用，消化分解后合成的钙盐连同蚯蚓钙腺排出的碳酸钙形成黏结土粒。蚯蚓排出的蚓粪也是具有团粒结构的土粒。蚓粪同时为微生物生长、繁殖提供了良好的基质。所以，蚯蚓在土壤中不断地纵横钻洞和吞土排粪等生命活动，不仅能改变土壤的物理性质，而且还能改变土壤的化学性质，使板结贫瘠的土壤变成疏松多孔、通气透水、保墒肥沃而能促进作物根系生长的团粒结构。近年来，有人研究了蚯蚓对土壤结构形成的速度，并通过形态和微结构的观测研究，蚯蚓团聚体的性质及有机和无机复合体的电子显微镜观察，认为蚯蚓具有较高的水稳定性及优良的供肥、保肥能力，称之为“微型的改土车间”。

蚓粪较之畜粪的磷、钾、钙及有机物的含量高出数倍，其

肥力比畜粪要好。实验证明，蚓粪中腐殖质含量较之原土提高36%~160%，全氮增加38%~229%，速效氮增加75%~105%，速效磷增加20%~68%，速效钾增加19%~36%。蚯蚓每时每刻都在吞食大量的有机物和土壤，把蚓粪和其他代谢产物排泄到土壤中，从而增加了土壤肥力，使栽培的植物生长、发育良好，而且还可增强植物抗病害的能力。另外，可利用园林中的落果、秸秆、厩肥、沼气池内容物、废渣、食用菌渣等有机物，并且还可与养蘑菇、养蜗牛、养猪、养牛等结合起来进行蚯蚓养殖，发展生态农业，不仅提高有机物中氮素、碳素的利用率，而且由于进行了综合利用，能产生明显的经济效益、社会效益和生态效益。

4. 蚯蚓在治理环境污染方面的应用

由于现代工农业的迅猛发展，众多的工业废物被排出，造成严重的公害；农药的过度使用，污染了成片的良田，人类环境遭到严重污染，直接影响人类的健康，亟待采取保护措施，这已成为国际性问题。蚯蚓在地球上分布广、数量多，是巨大的生物资源，其主要以腐烂的有机物为食，分解、转化有机物的能力很大，对于自然界的物质循环和生态平衡具有重要的作用。众所周知，土壤微生物对死亡的动物尸体、植物残体的分解起着重要的作用，但是植物的落叶、秸秆、牲畜粪便、动物的甲壳和角质等，则必须先经过蚯蚓等土壤动物的破碎，微生物才能进一步分解。蚯蚓的掘穴松土，破碎、分解有机物，更为土壤微生物的大量繁殖创造了良好的条件，增强了土壤微生物的活性，而且蚯蚓的消化道也成为某些土壤微生物继续活动的场所。如果在地球上没有蚯蚓等土壤动物及微生物参与动植物残体的分解、还原，那么就会尸体遍野，其后果是难以想象的。

蚯蚓能分泌出许多特殊的酶类，有着惊人的消化能力。世界上许多国家利用蚯蚓来处理如食品加工、酿造、造纸、木材加工及纺织等行业的浆、渣、污泥等废弃物。在日本用蚯蚓来处理造纸污泥已进入实用化的阶段，如日本静冈县在1987年建成的蚯蚓工厂，每月可处理有机废物和造纸厂的纸浆3 000吨，而且还生产蚯蚓饲料添加剂，以满足人工养殖蚯蚓的需要。另外，还可以利用蚯蚓处理畜禽和水产品加工厂的废弃物和废水，用蚓粪中的微生物群来分解废水中的污泥，使之产生沉淀，可以达到净化污水的目的。

蚯蚓对农药和重金属镉、铅、汞等的积聚能力很强。如对六六六、DDT（双氯苯基三氯乙烷）、PCB（多氯联二苯）等农药的积聚能力可以比外界大10倍，对重金属铬、铅、汞等积聚能力要比土壤大2.5~7.2倍。目前，世界上有些国家还利用蚯蚓来处理农药和重金属类有害物质，如美国、英国等国在农田或重金属矿区附近的耕作区放养大量的蚯蚓，让有害的农药或重金属富集到蚯蚓的身体里，使已荒芜的农田又变得肥沃起来，能够再次用来种庄稼。

在处理城市生活垃圾和商业垃圾方面，蚯蚓能起很大的作用，如加拿大在1970年建立的蚯蚓养殖场，每周可以处理约75吨垃圾，在北美洲有一个蚯蚓养殖场，可以处理100万人口的城市生活垃圾。用蚯蚓处理垃圾，不仅可以节约烧毁垃圾所需耗费的能源，而且经过蚯蚓处理的垃圾还可作为农田肥料，用于增产农作物。

（三）蚯蚓生产的历史、现状与发展前景

1. 蚯蚓生产的历史及现状

蚯蚓的传统研究和利用都是以野生为主，直到20世纪60年

代，一些国家才开始进行蚯蚓的人工饲养。到了20世纪70年代，蚯蚓的养殖已遍及全球。作为一项颇有前途的新兴养殖业，目前许多国家已发展和建立了初具规模的蚯蚓养殖企业，如美国、日本、加拿大、英国、意大利、西班牙、澳大利亚、印度、菲律宾等，有的国家已发展到工厂化养殖和商品化生产。目前，每年国际上蚯蚓交易额已达20亿美元。美国是开发人工养殖蚯蚓时间较早的国家，现在大大小小的蚯蚓养殖场已遍布全国，大约有300个大型蚯蚓养殖企业遍布全国各地，并在近年成立了“国际蚯蚓养殖者协会”，20世纪70年代，日本曾派代表团到美国学习蚯蚓的养殖经验，到20世纪80年代，有大型的蚯蚓养殖场200多家，从事蚯蚓养殖的人数达2 000人，建立了全国蚯蚓协会。在菲律宾，蚯蚓养殖技术已经标准化，一般由蚯蚓养殖公司向蚯蚓养殖户提供种蚓，饲养者把收获的蚯蚓卖给公司，供出口或国内加工及消费。在英国康普罗斯泰公司建立了一个具有处理10万头猪所生产的猪粪能力蚯蚓工厂，该工厂将固体的猪粪转化为蛋白质饲料，代替鱼粉和大豆用来喂鱼和家禽。

我国于1979年从日本引进适于人工养殖的“大平2号”蚯蚓和“北星2号”蚯蚓，这两个蚯蚓品种同属赤子爱胜蚓。自1980年开始，在全国各地进行了试验与推广。同年在上海召开蚯蚓协作会议。1982年，农业部在江西省举办了蚯蚓讲习班。1983年在陕西召开了全国蚯蚓学术会议，参加会议代表有150余人，从而掀起了一阵养殖蚯蚓热，约有600个县开展了人工养殖蚯蚓工作，但由于种种原因，仅仅一小部分养殖单位和一些科研单位保留了种源。1999年7月下旬，中国科学院动物研究所邀请世界蚯蚓协会主席爱德华兹来我国参观考察，并在北京筹建了世界蚯蚓协会中国分会，为我国蚯蚓产品打入国际市场，加入世界经济循环打开了通道，这必将推动我国蚯蚓养殖业的健康发展。

2. 蚯蚓生产的发展前景

改革开放以来，随着人民生活水平的不断提高，人们的膳食结构发生了很大变化，对肉、蛋、奶、鱼等需求量越来越大。各种养殖业包括特种动物养殖业的迅速发展，对鱼粉、豆饼等各种蛋白质饲料的需求量不断增大，使得这类饲料价格不断大幅度上升。因此，开发新的蛋白质饲料资源是亟待解决的问题。

蚯蚓具有分布广、适应性强、繁殖快、用途广等特点，且其养殖的原料十分广泛、廉价，养殖方法简单。所以蚯蚓科学养殖和综合利用是解决蛋白质饲料缺乏问题的重要途径之一。药用、营养价值都很高的蚯蚓蛋白酶制剂、蚯蚓微生物制剂和蚯蚓添加剂在养殖业中的广泛应用，在促进动物生产性能和提高动物的健康水平方面显露出明显效果。而且以蚯蚓产品作为绿色动物生长剂和天然保健剂，生产绿色安全的畜禽产品，在国际贸易中具有较大的优势。

蚯蚓养殖业为绿色农副产品带来了希望。大量实践证实，蚯蚓粪经过微生物发酵处理可以变成高档生物肥，施过蚓粪的农田土质松软。蚓粪能促使植物生长，比施用其他肥料的植物根系更发达，并节省大量农药、化肥，所生产的绿色植物都符合绿色食品标准。绿色农产品巨大的消费需求空间，给蚯蚓粪生物肥产品的生产和应用创造了更广阔的市场。

蚯蚓作为一味传统的中药材，已沿用至今，在很多偏方、验方中均可见到蚯蚓这味中药。当今蚯蚓在医药方面的开发，已有新的突破。世界各国开始利用蚯蚓提取蛋白酶，用来防治脑血栓、心肌梗死等疾病。在我国，中国科学院生理所历经 8 年的临床实验，用蚯蚓提取蚓激酶用于治疗中老年的脑血管疾病已获成功，国家卫生部已批准应用并获中华医药成果奖，现在全国有多个厂家生产此药，蚯蚓年需量达数百吨。

蚯蚓是饲养畜、禽和鱼类的优质蛋白质饲料，经分析，蚯蚓蛋白质含量高于大豆，蚯蚓除含有丰富的营养之外，还有清热、解毒、活血及保养作用。随着对其加工方法的完善，蚯蚓的价值必将进一步提高。

另外，养殖蚯蚓还可作为处理城市生活垃圾的有效方法之一。也可利用蚯蚓处理家庭有机废物，净化住宅环境，为家庭提供优质肥料（蚯蚓粪），用来种花、种菜，对喜欢家庭院艺的人来说，具有特殊价值。

总之，蚯蚓生产具有投资小、养殖方法简单、产品用途广及经济效益和社会效益高的特点，具有十分广阔的发展前景。

二、生物学特性

（一）蚯蚓的形态结构

1. 外部形态

（1）体型大小

蚯蚓的形态通常为细长的圆柱形，头尾稍尖，整个身体由若干环节组成，无骨骼，外被一薄而具色素的角质层，除前两节外，其余体节上均生有刚毛。蚯蚓种类繁多，其身体的长短、粗细也各有不同。成蚓短的不足1厘米，长的可达2米以上。根据蚯蚓的体形大小，可将蚯蚓分为大、中、小三型。体长大于100毫米，体宽大于0.5毫米的为大型蚯蚓。大型蚯蚓刚毛较短，体壁肌肉发达，适于陆栖蠕动爬行，常为较高等的陆栖蚯蚓，即我们常见的蚯蚓，如链胃蚓科、舌文蚓科、巨蚓科、正蚓科的种类。体长30~100毫米，体宽0.2~0.5毫米的为中型蚯蚓。中型蚯蚓一般刚毛呈长发状，多为水栖蚯蚓，常生活在水底泥沙或湿度较大的土壤中，如颤蚓科、带丝蚓科、单向蚓科和丝蚓科的种类。体长小于30毫米，体宽小于0.2毫米的为小型蚯蚓。小型蚯蚓一般刚毛呈长发状，多为水栖蚯蚓，如较低等的膘体虫科、仙女虫科和后囊蚓科的种类。

（2）体色

蚯蚓的体色是由体壁内有色素细胞或色素粒所致，色素的成分主要是卟啉化合物的混合物。蚯蚓体色同其所栖息的环境关系十分密切。水栖蚯蚓体壁一般无色素，体壁不透明的常呈淡白色或灰色，体壁透明的因血红蛋白存在于体壁毛细血管中而呈粉红色或微红色。陆栖蚯蚓具有各种体色，通常背部、侧面呈棕红色、紫色、褐色、绿色等，腹部体色较浅。同一种类的蚯蚓，生活在不同的环境中时，体色会随之改变，这是生理与环境协调统一的结果。

2. 体节

蚯蚓身体由许多形态相似的环状体节构成，称为分节现象。这是无脊椎动物在进化过程中的一个重要标志。蚯蚓体节与体节间以体内的隔膜相分隔，在体表相应地形成的节间沟为体节的分界。蚯蚓体内许多内部器官如循环、排泄、神经等也表现出按体节重复排列的现象，这对促进动物体的新陈代谢、增强对环境的适应能力有着重大意义。

蚯蚓的体节的宽度不一，前部体节和生殖带区较宽。体节由节间沟分隔，内部的体腔由无数隔膜按体节在节间沟处分成若干个小室。蚯蚓除前端第一节、后端两节及环带体节外形特化外，其余各体节形态基本相同，属于同律分节。蚯蚓的体节数通常多为110~180个，但不同的蚯蚓体节的数目差异很大，如鼻蚓属的种类，其体节可达600个，而膘体虫科的种类仅有7个体节。

蚯蚓身体前端第一节称围口节。陆栖蚯蚓的围口节无眼和吻，而水栖蚯蚓则有。围口节的前面有一个肉质的叶状凸起，称口前叶。口前叶不是一个独立的体节，而是第一体节的组成部分，其上无颚和齿。蚯蚓在前进或摄食时，口前叶起掘土、触觉、嗅觉和摄取食物的作用。多数蚯蚓的口前叶和围口节主体有明显的沟状分界（注意不要误以为是节间沟）。

3. 刚毛

刚毛是附属于蚯蚓体壁的运动器官，主要由刚毛、刚毛囊和刚毛肌肉组成。蚯蚓上皮内陷形成刚毛囊，囊底部一个大的细胞分泌几丁质形成刚毛（图1）。刚毛因肌肉的牵引，在穴内或地面起支撑作用，蚯蚓再借助于体壁肌肉的伸缩，蚯蚓就能蠕动爬行。当刚毛受损脱落后，可再生出新的刚毛来替代。

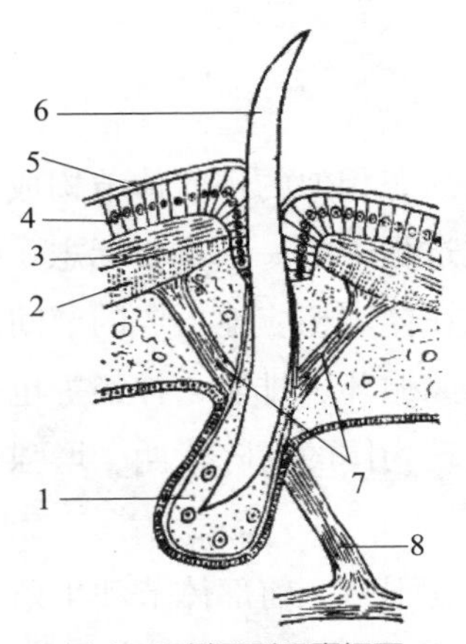

图 1　正蚓属刚毛囊切面

1. 刚毛囊；2. 纵肌；3. 环肌；4. 表皮层；5. 角质膜；6. 刚毛；7. 牵引肌；8. 缩肌

刚毛的种类和形态多种多样，因蚯蚓种类的不同而有差异，其性状有时也有差异。如常见的运动刚毛多为钩状；在雄孔和前列腺附近的交合刺，受精囊孔附近以及某些体节的交配毛，都是变态刚毛，统称为生殖刚毛。蚯蚓在交配时，生殖刚毛用以帮助束缚其配偶身体，或刺激配偶，或有助于将精液输送到配偶的受精囊内。

蚯蚓刚毛的排列形式和数量也因种类的不同而有差异。陆栖蚯蚓的刚毛排列形式主要有环生型排列和对生型排列。环生型排列即各体节的刚毛呈环状排列，我们常见的陆栖蚯蚓多为此型排列。在对生型排列中，各体节常有 4 对刚毛，在蚯蚓身体上排列为 8 条纵行。对生型排列依据刚毛对距离的远近可分为紧密对生（每对刚毛之间距离较小）、宽阔对生（每对刚毛之间的距离较宽）和稀疏对生（刚毛间距很大，以至刚毛成对不明显）（图 2、图 3）。水栖蚯蚓的刚毛每个体节上有 4 束，在背腹及两侧排列。每束刚毛多者几条、几十条，少者也有一条的。每束刚毛的种类、形态和数量往往不同，即使同种蚯蚓的不同体节，甚至同一体节的背腹与两侧也常有差异。

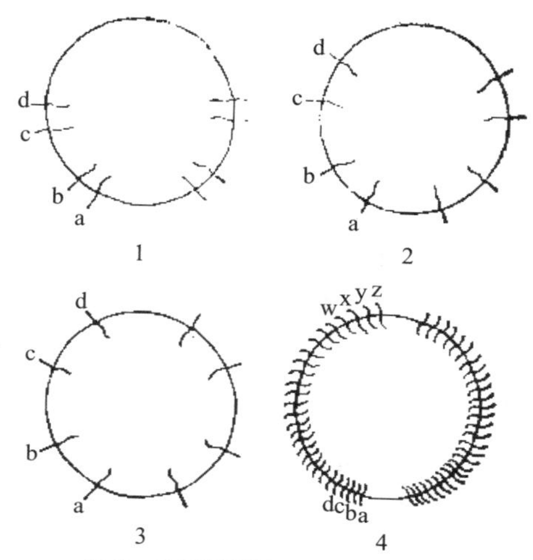

图 2　陆栖蚯蚓的刚毛排列形式

1. 紧密对生；2. 宽阔对生；3. 稀疏对生；4. 环生

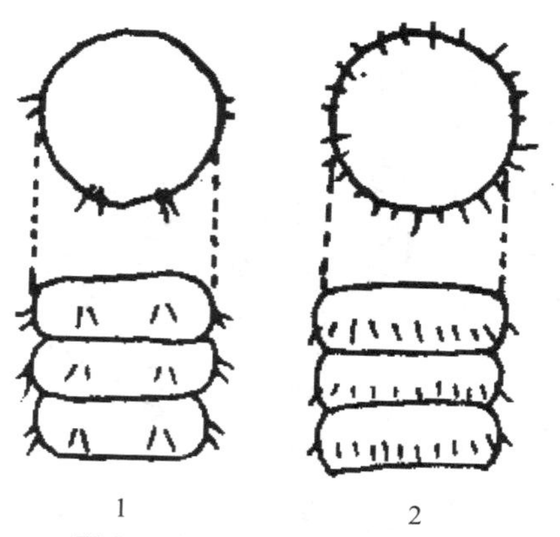

图 3　刚毛的排列形式（腹面观）

1. 4 对刚毛排列；2. 环状刚毛排列

4. 环带

环带又称生殖带，是性成熟的蚯蚓身体前端若干体节特化而成的一种戒指状物。环带的颜色和身体的其他部分有明显的不同，

有的呈乳白色，有的呈肉红色或米黄色。如环毛蚓性成熟时，其第14~16节3节的上皮变为腺体细胞，比其他部分肥厚，色暗呈环状，无节间沟，无刚毛，如戒指状。环带背部表皮一般可分为3层：表层为黏液细胞，当蚯蚓交配时，黏液细胞的分泌物可形成细长的管子来束缚蚯蚓的身体；中层为大颗粒腺细胞，其分泌物形成蚓茧的膜；里层为细颗粒腺细胞，其分泌物形成蚓茧的蛋白液。所以环带是蚯蚓繁殖时的重要器官。

蚯蚓环带的位置和形状因种类的不同有所差异（图4），蚯蚓环带的形状通常有两种，即指环形和马鞍形；一般大型蚯蚓的环带多在生殖腺所在体节上或稍后的体节上，小型蚯蚓的环带一般在生殖腺附近的体节上，但同种蚯蚓的环带位置是固定的。

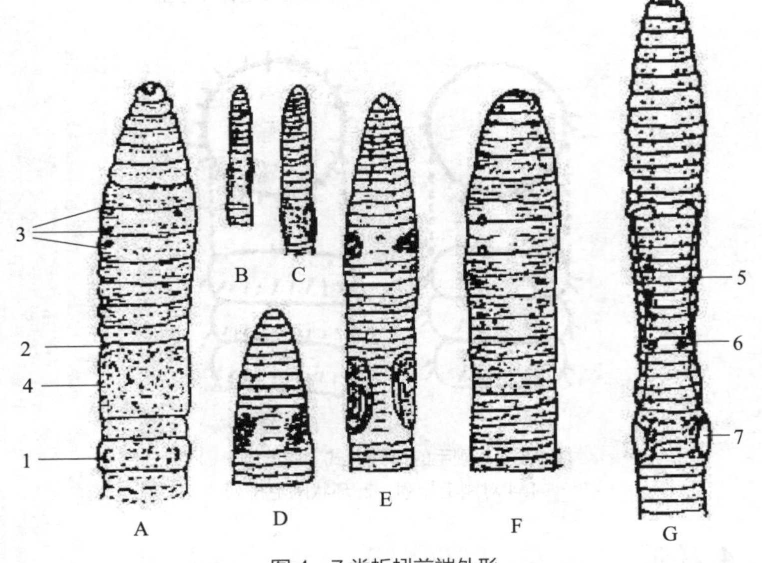

图4　7类蚯蚓前端外形

A. 环毛蚓属；B. 寒宪蚓属；C. 双胸蚓属；D. 杜拉蚓属；E. 异唇蚓属；F. 合胃蚓属；G. 正蚓属

1. 雄孔；2. 雌孔；3. 受精囊孔；4. 环带；5. 精液沟；6. 乳突；7. 性隆脊

5. 体孔

在蚯蚓身体的表面还有许多开孔，如背孔、肾孔、头孔、雄性生殖孔（简称雄孔）、雌性生殖孔（简称雌孔）、受精囊孔等（图5）。这些开孔各有其功能，开孔的形状和部位可作为蚯蚓种类鉴别的依据。

在陆栖蚯蚓背中线上节间沟中的小孔为背孔。背孔与体腔相通，平时紧闭，当遇干燥或刺激时则张开，射出体腔液，润湿身体表面，有利于蚯蚓的呼吸和在土壤中穿行。水栖蚯蚓无背孔。

肾孔是蚯蚓排泄器官——后肾管向外的开口，能排泄代谢的废物。陆栖蚯蚓的肾孔多位于身体腹面的两侧，每节一般都有1对肾孔。而水栖蚯蚓的肾孔位于背侧刚毛束的前方。

生殖孔在蚯蚓身体的腹面或腹侧面向外的开口。雄性生殖孔是输精管通向体外的开口，不同种类的蚯蚓，其雄孔的位置和数量不同，如巨蚓的雄孔位于第15节腹侧面，每孔在一呈裂缝状的凹陷内。雌性生殖孔是输卵管通向体外的开口，因种类不同，其数量和位置也不同，如环毛蚓第14节腹侧两侧为一雌性生殖孔。

受精囊孔是受精囊的开口，当蚯蚓交配时，对方的精液由此孔流入受精囊内贮存。受精囊孔常位于节间，多在腹面或侧腹面，其位置和数量也因种类的不同而有差异，亦是蚯蚓种类鉴别的特征之一。如直隶环毛蚓、威廉环毛蚓、湖北环毛蚓等习见环毛蚓有受精囊孔3对，位于第6~7节、第7~8节、第8~9节各节间沟的腹面两侧；参环毛蚓的受精囊孔为2对，中材环毛蚓和异毛环毛蚓为4对。有少数种类，如双胸蚓属的种类，无此受精囊孔。

头孔与背孔较相似，它位于口前叶和围口主体的交界处。通常仙女虫科、线蚓科、带丝蚓科的种类具有头孔。

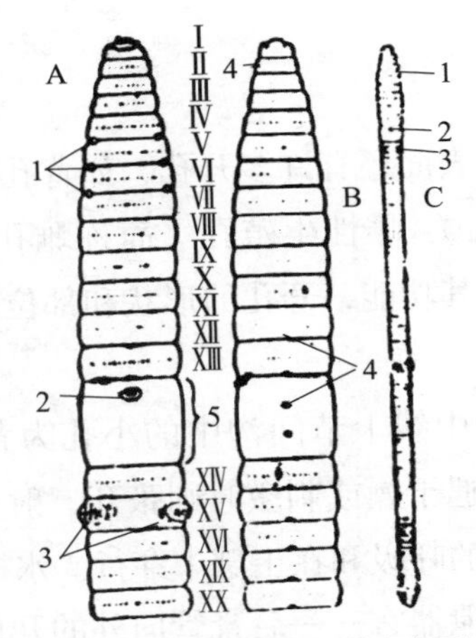

图5　环毛蚓的体表诸开口（罗马数字表示体节数）

A. 体前部腹面；B. 体前部背面；C. 整体腹面

1. 受精囊孔；2. 雌孔；3. 雄孔；4. 背孔；5. 环带

（二）蚯蚓的内部构造

1. 体壁与真体腔

蚯蚓的体壁由角质膜、上皮、环肌层、纵肌层和体腔上皮等构成（图6）。最外层为单层柱状上皮细胞，这些细胞的分泌物形成角质膜。此膜极薄，由胶原纤维和非纤维层构成，上有小孔。柱状上皮细胞间杂以腺细胞（分为黏液细胞和蛋白细胞），腺细胞能分泌黏液，可使体表湿润。蚯蚓遇到剧烈刺激，黏液细胞大量分泌黏液，包裹身体成黏液膜，有保护作用。上皮下面神经组织的内侧为较薄的环肌层与发达的纵肌层。环肌层为环绕身体排列的肌细胞构成，肌细胞埋在结缔组织中，排列不规则。纵肌层较厚，成束排列，各束之间被内含微血管的结缔组织膜所隔开。肌细胞一端附在肌束间的结缔组织膜上，一端游离。纵肌层内为单层扁平细胞组成的体腔上皮。蚯蚓的肌肉属斜纹肌，一般占全身体积的 40% 左右，肌肉发达，运动灵活。

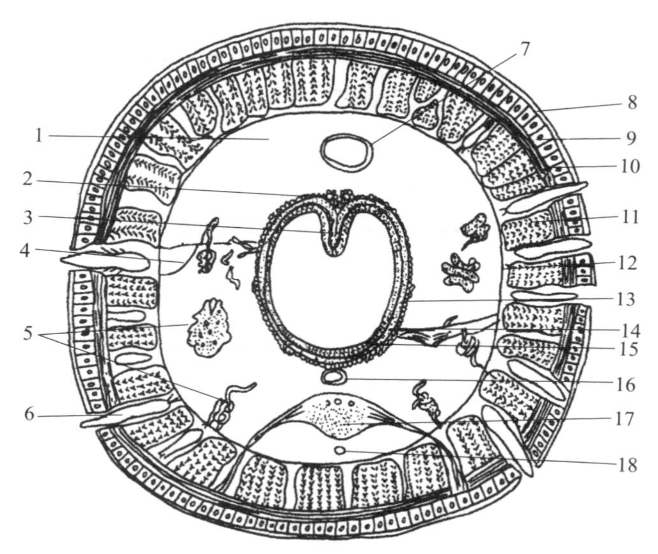

图 6　蚯蚓的横切面

1. 体腔；2. 肠上纵排泄管；3. 盲道；4. 隔膜；5. 小肾管；6. 刚毛；7. 背血管；8. 角质膜；9. 上皮；10. 环肌；11. 纵肌；12. 壁体腔膜；13. 黄色细胞；14. 肠壁纵肌；15. 肠上皮；16. 腹血管；17. 腹神经索；18. 神经下血管

蚯蚓一些体节的纵肌层收缩，环肌层舒张，则此段体节变粗变短，着生于体壁上斜向后伸的刚毛插入周围土壤；此时其前一段体节的环肌层收缩，纵肌层舒张，此段体节变细变长，刚毛缩回，与周围土壤脱离接触，如此由后一段体节的刚毛支撑，即推动身体向前运动（图 7）。这样肌肉的收缩波沿身体纵轴由前向后逐渐传递，引起蚯蚓运动。

体腔上皮壁层由体壁纵肌层内侧的一薄层细胞组成，脏壁肌肉和体腔上皮脏层一起组成了脏壁层。体壁层和脏壁层所围成的空腔即真体腔，腔内充满乳白色具黏性的体腔液，含有各种内部器官。

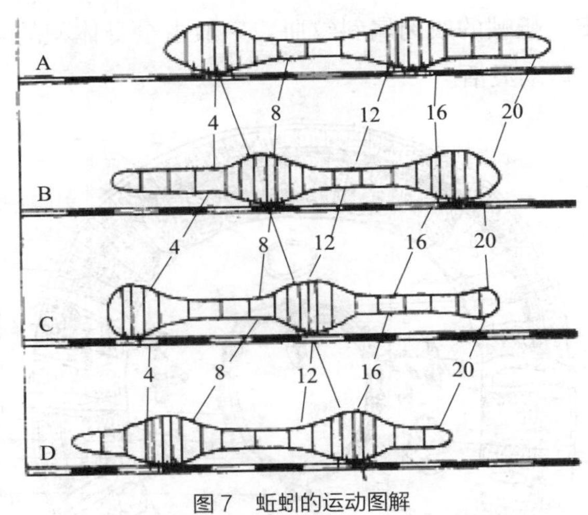

图 7　蚯蚓的运动图解

4、8、12、16、20 表示体节

蚯蚓的体腔被隔膜分成若干小室，隔膜上有由括约肌控制的小孔，体腔液可通过这些小孔运送到相邻的体节中。当肌肉收缩时，体腔液即受到压力，使蚯蚓体表的压力增强，身体变得很饱满，有足够的硬度和抗压能力。且体表富黏液，湿润光滑，可顺利地在土壤中穿行运动。蚯蚓的体腔液含有大量的水分和悬系着的各种细胞及一些颗粒。如形状不定的阿米巴细胞（即吞噬细胞，具有吞噬作用，富有液泡）、圆盘形的淋巴细胞、能分泌黏液的黏液细胞及黄色细胞等。体腔液中还含有上述细胞的代谢产物和碳酸钙结构，以及有某些酶类、激素等，有时还有寄生生物如丝虫和细菌等。蚯蚓的肌肉、体腔和体腔液构成一个完整的系统，对于蚯蚓的运动、掘穴、取食、繁殖、避敌等有着重要的作用。

2. 消化系统

蚯蚓的消化系统由较发达的消化管和消化腺组成。消化管穿过隔膜，纵行于体腔中央，其管壁肌层发达，可增进蠕动和消化机能。蚯蚓消化管分化为口、口腔、咽、食道、砂囊、胃、肠、肛门等部分（图 8）。

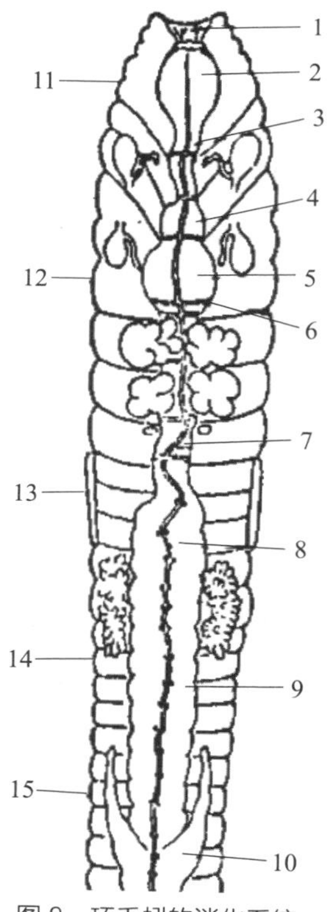

图 8　环毛蚓的消化系统

1. 口腔；2. 咽；3. 食道；4. 嗉囊；5. 砂囊；6. 心；7. 胃；8. 背血管；9. 小肠；10. 盲肠；11. 第 5 体节；12. 第 10 体节；13. 第 15 体节；14. 第 20 体节；15. 第 25 体节

蚯蚓的口位于围口节主体与口前叶相接的腹面。口腔为口内侧的膨大处，位于第 1 体节或第 1~2 体节的腹侧，腔壁很薄，腔内无齿颚，不能咀嚼食物，但有接受、吸吮食物的作用。口腔之后为咽，咽壁具有很厚的肌肉层，它向后延伸到第 6 体节处。口腔内壁和咽的上皮均覆盖有角质层。咽外部具有很多辐射状的肌肉与体壁相连，咽腔的扩大、缩小或外翻均靠这些肌肉的收缩来完成，便于

蚯蚓取食。因此，蚯蚓比较喜欢吞食湿润、细软的食物，对干燥、大而坚硬的食物则难以取食。一些大型陆栖蚯蚓，如正蚓科环毛蚓属和异唇蚓属的种类，在咽背壁上有一团灰白色、叶裂状的腺体，即咽腺。它可分泌黏液和蛋白酶，有湿润食物和初步消化作用。咽后连短而细的食道，其壁有食道腺。食道腺能分泌钙质，中和酸性物质，具有维持消化系统的正常机能，稳定氢离子浓度的功能，有助于消化酶和消化道内共生的有益微生物的活动，并且对体内二氧化碳的排出也有重要作用。

嗉囊为食道之后一个膨大的薄壁囊状物，有暂时贮存和湿润、软化食物的功能，也有一定的过滤作用，还能消化部分蛋白质。在嗉囊之后，紧接的是坚硬而呈球形或椭圆形的砂囊，砂囊占 1 个或多个体节（通常陆栖蚯蚓均具砂囊）。砂囊具有极发达的肌肉壁，其内壁具有坚硬的角质层。在砂囊腔内常存有砂粒。砂囊的肌肉的收缩、蠕动，可使食物不断地受到挤压，加上坚硬角质膜和砂粒的研磨，食物便逐渐变小、破碎，最后成为浆状食糜，便于蚯蚓吸收。砂囊的存在，是蚯蚓为适应在土壤中生活的结果。某些种类的蚯蚓缺乏嗉囊和砂囊。自口至砂囊为外胚层形成，属前肠。

砂囊之后是一段狭长、富微血管而多腺体的管道，称胃。胃前有一圈胃腺，其功能似咽腺。胃之后紧接的一段膨大而长的消化管道是小肠，小肠管壁较薄，最外层为黄色细胞形成的腹膜脏层，中层外侧为纵肌层，内侧为环肌层，最内层为小肠上皮。这些上皮细胞由富含颗粒及液泡的分泌细胞和长形、锥状的消化细胞组成，可以分泌含有多种酶类的消化液，并吸收消化后的营养。小肠沿背中线凹陷形成盲道，这有助于小肠的消化和吸收。蚯蚓大部分的食物消化和吸收都在小肠中进行。环毛蚓属的蚯蚓，在第 25 体节处的小肠侧面常有 1 对盲肠。盲肠与小肠相通，并分泌多种消化酶，如蛋白酶、淀粉酶、脂肪酶、纤维素酶、几丁质酶等，为重要的消化腺。胃和肠来源于内胚层，属中肠。

小肠后端狭窄而壁薄的部分为直肠，它一般无消化作用，其功能是使已被消化吸收后的食物残渣变成蚓粪而经此通向肛门，排出体外。

蚯蚓的消化腺包括：咽腺、钙腺（开口于食道，能产生碳酸钙，故又称石灰质腺，可能与消化、排泄、呼吸等有关）、胃腺、盲肠腺及小肠腔上皮中的腺细胞。

3. 循环系统

蚯蚓具有较完善的循环系统，结构复杂，由纵行血管和环行血管及其分支血管组成。各血管以微血管网相连，血液始终在血管内流动，不流入组织间的空隙中，构成了闭管式循环系统。闭管式循环系统血液循环有一定方向，流速较恒定，提高了运输营养物质及携氧机能。蚯蚓的循环系统主要的血管包括 3 条几乎纵贯全体的纵行血管（背血管、腹血管和神经下血管）、环血管（动脉弧、壁血管）及微血管网（在组织细胞间）（图 9）。背血管位于消化管的背中央，较粗，管壁较厚，肌肉性，可搏动（犹如心脏），其中的血液自后向前流动。背血管的血液经动脉弧到腹血管（一部分经背血管在体前端至咽、食道等处，分支到食道侧血管至肠壁）。环毛蚓的动脉弧有 4 对（或 5 对）。在动脉弧内壁有瓣膜，可使血液按一个方向出入心脏。过去称动脉弧为心脏，现在认为它有助于推动血流并维持平稳的血压到腹血管。腹血管较细，血液自前向后流动，每一体节都有分支到体壁、肠、肾管、隔膜等处。在体壁上形成微血管网，进行氧气交换。富含氧的新鲜血液经神经下血管（位于腹神经索之下）和壁血管（连接神经下血管和背血管）收集后到背血管，背血管又有分支收集从消化道来的含丰富养料的血液，继续向前流动，再至全身各部分，使多氧气、多养料的血液循环不息，供全身需要。

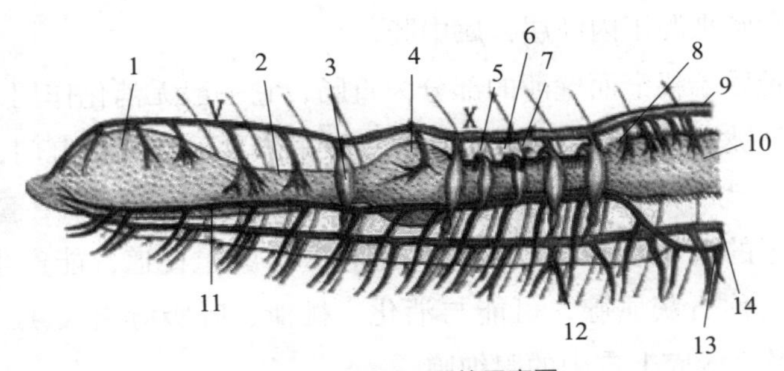

图9　蚯蚓循环系统示意图

1. 咽；2. 食道；3. 心脏；4. 砂囊；5. 胃；6. 胃上血管；7. 前环血管；8. 背肠血管；9. 背血管；10. 肠；11. 食道侧血管；12. 腹皮血管；13. 神经下血管；14. 腹血管

蚯蚓的血液是不含红细胞的液体，但由于血浆中具有血红蛋白而呈红色。在有些种类的蚯蚓血液的血浆中还含有血红蛋白呼吸素和悬浮大量的阿米巴细胞，这种阿米巴细胞相当于哺乳动物的白细胞。

4. 呼吸系统

蚯蚓一般没有专门的呼吸器官，主要通过湿润的、布满毛细血管网的皮肤进行气体交换，以此获得氧气，排出二氧化碳。但有些水栖蚯蚓具有鳃状器官，可在水中进行呼吸与气体交换。蚯蚓呼吸时，首先是氧气溶解在呼吸器官表面的水中，然后再通过渗透作用，氧经表皮进入毛细血管的血液中，氧与血红蛋白相结合后便随血液运送到蚯蚓身体的各部分。因此，蚯蚓进行呼吸时，必须体表保持湿润，体表一旦干燥，将引起蚯蚓窒息死亡。有的蚯蚓能在缺氧的条件下生存较长的时间，这是因为蚯蚓有一种无氧呼吸机制。

5. 排泄系统

蚯蚓的排泄器官为后肾管，一般种类每体节具一对典型的后肾管，称为大肾管（图 10）。环毛属蚯蚓无大肾管，而具有三类小肾管：体壁小肾管、隔膜小肾管和咽头小肾管。体壁小肾管位于体壁内面，极小，内端无肾口，肾孔开口于体表。隔膜小肾管有肾口，呈漏斗形，具纤毛，下连内腔有纤毛的细肾管，经内腔无纤毛的排泄管，开口于肠中。咽头小肾管位于咽部及食管两侧，无肾口，开口于咽。后两类肾管又称消化肾管。后肾管通过体表、消化道和肠上排泄管的开口，将代谢产物直接或间接地以尿液的形式排出体外。不同种类的蚯蚓，其小肾管的种类、形状、数量往往不同。

另外，蚯蚓的黄色细胞、背孔、体壁黏液细胞等也参与含氮物质的排泄。

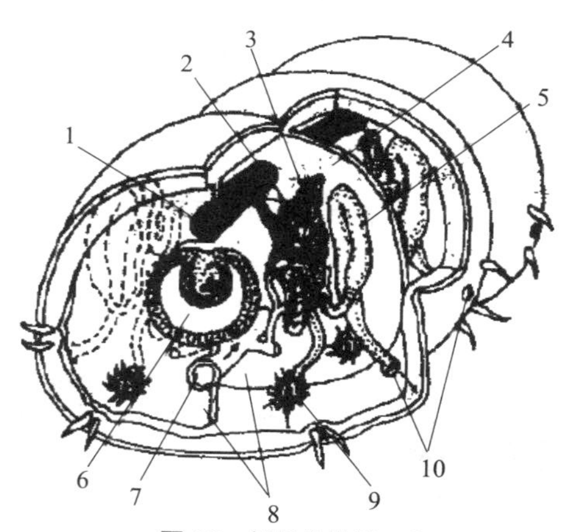

图 10　蚯蚓的排泄器官

1. 背血管；2. 毛细血管网；3. 小管；4. 节间隔膜；5. 膀胱；6. 肠；7. 腹血管；8. 隔膜；9. 肾口；10. 肾孔

6. 神经系统

蚯蚓的神经系统由中枢神经系统和外周神经系统组成，并且与身体的各种感觉器官、反应器官组成反射弧。

中枢神经系统包括脑、围咽神经、咽下神经节和腹神经索等部分。蚯蚓为典型的索式神经，位于第 3 体节背侧的一对咽上神经节（脑）及位于第 3 体节和第 4 体节间咽腹侧的咽下神经节，两者以

围咽神经相连，自咽下神经节伸向体后形成一条腹神经索，腹神经索于每节内有一神经节（图 11A）。

外周神经系统是由中枢神经系统向外周发出的所有神经，包括全部感觉神经和运动神经及分布于消化道的交感神经。外围神经系统主要有由咽上神经节前侧发出的 8~10 对神经，分布到口前叶、口腔等处；咽下神经节分出神经至体前端几个体节的体壁上；腹神经索的每个神经节均发出 3 对神经，分布在体壁和各器官。由咽上神经节伸出神经至消化管称为交感神经系统。

外周神经系统的每条神经都含有感觉纤维和运动纤维，有传导和反应机能。感觉神经细胞，能将上皮接受的刺激传递到腹神经索的调节神经元，再将冲动传导至运动神经细胞，经神经纤维连于肌肉等反应器，引起反应，这是简单的反射弧（图 11B）。腹神经索中的 3 条巨纤维，贯穿全索，传递冲动的速度极快，故蚯蚓受到刺激反应迅速。

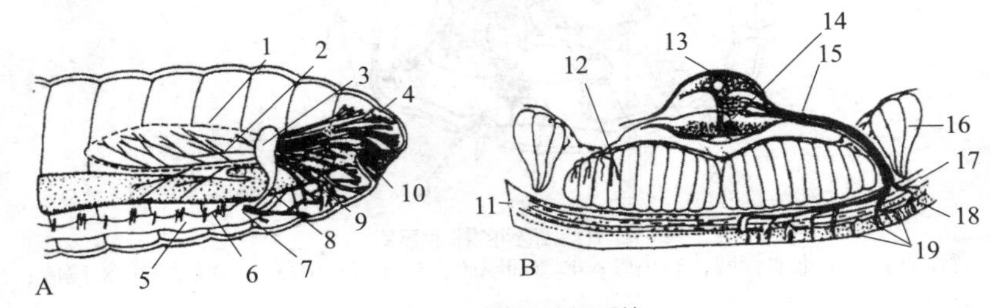

图 11　蚯蚓的神经系统

A. 中枢神经系统；B. 简单的反射弧

1. 咽头腺；2. 交感神经；3. 脑；4. 围口节；5. 腹部神经节；6. 外周神经；7. 咽下神经节；8. 围咽神经；9. 交感神经节；10. 口腔；11. 体壁；12. 神经末梢；13. 腹神经节；14. 运动神经细胞；15. 感觉神经纤维；16. 纵肌；17. 环肌；18. 上皮；19. 感觉细胞

7. 感觉器官

蚯蚓适应土壤穴居生活，其感觉器官不发达，主要可分为三类：

①表皮感觉器：是皮肤上的小突起，身体各部分都有，其中腹面和侧面较多，有触觉的功能，可感觉地面的震动。

②口腔感觉器：分布于口腔内侧或其附近，有嗅觉和味觉的功能，可觅食或辨别食物。

③光感觉器：分布于身体各部分，口前叶及前端几个体节较多，后端较少，腹面则没有，能辨别光的强弱，并且能起避强趋弱反应。

8. 生殖系统

蚯蚓为雌雄同体的动物，但大多数为异体受精。生殖器官限于身体前部的少数几个体节，包括雄性器官和雌性器官，以及附属器官、环带（生殖带）和其他腺体结构（图 12）。

雄性生殖器官由精巢、精巢囊、贮精囊、雄性生殖管、前列腺、副性腺和交配器构成。蚯蚓一般具有 1 对或 2 对精巢，精巢被包在精巢囊内。精巢囊内有精巢和精漏斗，精巢囊向后通入两对较大的贮精囊。精漏斗紧靠精巢下方，前端膨大，口具纤毛，后接细的输精管。精子从精巢释出后，先进入后一体节的贮精囊内发育，待精子成熟后，再回到原来的精巢囊内，经由精漏斗输出，每一精漏斗后接一输精管，开口于雄孔，前列腺与输精管后端相连。前列腺管开口于输精管末端，分泌黏液与精子的活动和营养有关。

雌性生殖系统由卵巢、卵漏斗、输卵管和纳精囊等构成，各生殖器官的形状、数量均因种类的不同而有所差异，并且它们的位置排列也有变化。如环毛蚓具有卵巢 1 对，很小，卵巢由许多极细的卵巢管组成，附着于第 13 节前面的隔膜上，位于腹神经索两侧。在后隔膜前有卵漏斗 1 对，后接短的输卵管，穿过隔膜，在第 14 节腹侧膜神经索下会合，开口于此节腹中线，称雌生殖孔。纳精囊成对存在，是贮藏异体精子的地方。环毛蚓有受精囊（又称纳

精囊）3 对，位于第 7、第 8、第 9 体节内消化道两侧。受精囊由坛、坛管和一盲管构成，为储存精子之处。受精囊孔开口于第 6~7 体节、第 7~8 体节、第 8~9 体节腹面两侧。

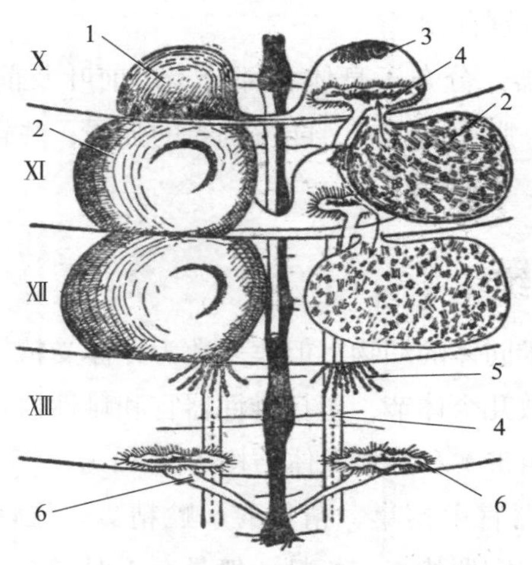

图 12　环毛蚓的生殖器官（背面观）

1. 精巢囊；2. 贮精囊；3. 精巢；4. 精漏斗或输精管；5. 卵巢；6. 卵漏斗或输卵管（图中黑点示腹神经索，X ~ XIII示体节数）

（二）蚯蚓的行为及生活习性

1. 对穴居生活的适应性

蚯蚓由于长期生活在土壤的洞穴里，其身体的形态结构对生活环境具有相当的适应性，这是自然选择的结果。首先，蚯蚓头部因穴居生活而退化。虽然蚯蚓身体的前端的口前叶膨胀能摄取食物，缩细变尖时又能挤压泥土和挖掘洞穴。但因终年在地下生活，并不依靠视觉来寻觅食物，所以在口前叶上不具有视觉功能的眼睛，而只有一些能感受光线强弱的感光细胞。

蚯蚓的身体每个体节与体节之间有背孔。背孔和体腔相通，体腔液可从背孔里射出来。蚯蚓利用液体湿润身体，减少与粗糙砂土颗粒的摩擦，并防止体表的干燥。此外，体表的湿润还与蚯蚓的呼吸密切相关，因为它没有特殊的呼吸器官，主要是通过湿润的表皮来进行氧气与二氧化碳交换的。

蚯蚓的运动器官是刚毛，也就是说它是依靠刚毛来活动的。利用刚毛，它能把身体支撑在洞穴里，或在地面上蜿蜒前进或后退。

蚯蚓的感觉器官也因为穴居生活而不发达，只是在皮肤上有能感受触觉的小突起，在口腔内有能辨别食物的感觉细胞，以及主要分布在身体前端和背面的感光细胞，这种感光细胞仅能用来辨别光线的强弱，并无视觉功能。

2. 生活习性

（1）栖息地

在自然界，陆栖蚯蚓以生活在土壤上层 15~20 厘米深度内居多，越往下层越少，这主要是由蚯蚓的食性决定的。土壤的上层常有大量的落叶、枯草、植物根茎叶及腐烂的瓜果、动物粪便等含有丰富有机质的物质，这些都是蚯蚓的食物。蚯蚓在土壤中呈纵向地层栖息，头朝下吃食，有规律地把粪便排积在地面。蚯蚓喜欢温暖、潮湿和安静的环境。自然界中的蚯蚓对温度很敏感，为了避暑或避寒，它们会根据气温或地温调节在土壤中的深度。自然陆栖蚯蚓一般喜居在潮湿、疏松而富含腐殖质的泥土中，特别是土质肥沃的庭院、菜园、耕地，或沟、河、塘、渠道旁及食堂附近的下水道边、垃圾堆、水缸下等处。在干燥的环境便集抱成团，不吃不动，以减少消耗，并从背孔中排出体腔液维持体表的湿度。干燥时间过长，将造成蚯蚓体内水分大量散失而危及生命。相反，湿度过大，对陆栖蚯蚓的呼吸则不利，被水浸泡或淹没的土壤中的蚯蚓常逃逸。

另外，蚯蚓还喜居安静的环境，怕噪声或震动。蚯蚓对光线非常敏感，喜阴暗，怕强光，常逃避强烈的阳光、紫外线的照射，但不怕红光，趋向弱光。蚯蚓的活动表现为昼伏夜出，即黄昏时爬出地面觅食、交尾，清晨则返回土壤中。

（2）食性

蚯蚓的食性很广，属杂食性动物。在自然界，蚯蚓能利用各种有机物作为食物，即使是在不利环境条件下，也可从土壤中吸取足够的营养。蚯蚓的食物主要是无毒、酸碱度适宜、盐度不高并且经微生物分解发酵后的有机物，如畜禽粪便，食品酿造、木材加工、造纸等有机废弃物，各种农副产品的废弃物、各种枯枝落叶、厨房的废弃物及活性污泥等。但蚯蚓对食物中含有生物碱和各种芳香族化合物成分，很难食用或根本不食用。在自然界，蚯蚓特别喜食富含钙质的枯枝、落叶等有机物，但不同种的蚯蚓对各种食物的适口性和选食性有一定差异。如赤子爱胜蚓喜食经发酵后的畜粪、堆肥，尤其喜食腐烂的瓜果、香蕉皮等酸甜食料。

（3）活动的季节性变化

在温带和寒带，冬季低温干旱使蚯蚓进入冬眠状态，到翌年开春，随着温度的回升、雨季的来临，蚯蚓苏醒，开始活动。在北京，4 月底即可看到环毛蚓解除冬眠而活动，6—11 月初皆为蚯蚓的活动时期。在热带，蚯蚓活动也局限在一定的季节，如我国云南地区，蚯蚓多活动在雨季的 5—10 月，当土壤含水量降到 7% 以下时，蚯蚓也出现休眠。

从一年四季常见蚯蚓的垂直分布看，在 1—2 月土壤温度约 0℃时，多数蚯蚓在 7.5 厘米以下，到了 3 月，土壤温度升到 5℃时，蚯蚓就到 10 厘米深处，多数的蚯蚓移至 7.5 厘米土层中，较大的蚯蚓仍停留在较深的土壤中。6—10 月，除新孵化出的幼蚓外，都开始到 7.5 厘米以下。11—12 月多数蚯蚓又开始到 7.5 厘米土层中，促使蚯蚓移向更深的土层的因素是土壤表层的寒冷和干旱。除正蚓外，其他蚯蚓在夏季和冬季都要休眠，在这两个季节里，它们都停留在比 7.5 厘米更深的土层下。

季节变化也会影响蚯蚓新陈代谢的强度。正蚓科蚯蚓在 5—8 月，由于土壤温度和湿度不适宜，处于滞育状态；在 9—12 月和 2—4 月，由于土壤温度和湿度比较适宜，蚯蚓代谢活动旺盛，其活动达到高峰。季节变化还非常明显地影响着蚯蚓的生殖与生长发育。蚯蚓在冬季各月生产蚓茧最少，在 5—7 月生产蚓茧最多。在人工养殖条件下，如果一年中始终保持适宜的湿度，那么，蚯蚓蚓茧的产量与土壤的温度成正相关。

（4）种群密度的季节性变化

在自然条件下，处在同一生态环境中的蚯蚓，其不同发育阶段的组成往往随着季节的不同而变化。一般由于冬季气温较低，秋末所产的蚓茧常来不及孵化，所以在冬季蚓茧的数量较大，到了春季蚓茧大量孵化，夏季幼蚓数量激增，秋季则幼蚓数量又逐渐减少，而成蚓数量则逐渐增多。通过调查发现，草地里蚯蚓种群的最大密度是在 8—10 月，尤以 10 月为最大，在冬天则很小。

（5）天敌

蚯蚓的天敌中包括捕食性和寄生性两大类：捕食性天敌有鼠、鸟、家禽、蛇、蛙、蚂蚁、螳螂、蜘蛛、蜈蚣等；寄生性天敌有寄生虫类、寄生蝇类、螨类等。

有些动物虽然不是蚯蚓的捕食者和寄生虫，但是，它们侵入蚯蚓养殖床内和蚯蚓争食饲料，争夺栖居地空间，因而对蚯蚓造成危害。例如：昆虫中的白蚁、鞘翅类、椿象、蟋蟀、多足类的马陆等及一些非寄生性的蝇类幼虫、线虫等。在雨季，还在养殖场所出现蜗牛、蛞蝓等。

3. 对生态环境的要求

蚯蚓的活动、生活习性、繁殖、生长均与外界自然环境有关，如温度、湿度、光照及土壤各种因子有着极其密切的关系。这些生态因子相互联系、相互制约，综合地对蚯蚓产生影响。养殖蚯蚓，为了获得高产，必须研究熟悉所养蚯蚓的生活习性以及所需的生态条件，了解其对蚯蚓的影响。

（1）温度

蚯蚓是变温动物，体温随着外界环境温度的变化而变化。因此，蚯蚓对环境的依赖一般比恒温动物更为显著，环境温度不仅影响蚯蚓的体温和活动，还影响蚯蚓的新陈代谢、呼吸、生长发育及繁殖等。

一般来说，蚯蚓的活动温度在5~30℃，0~5℃进入休眠状态，0℃以下死亡，最适宜的温度为20~27℃，此时蚯蚓能较好地生长发育和繁殖。28~30℃时，能维持一定的生长；32℃以上时生长停止；10℃以下时活动迟钝；40℃以上时死亡。不同种类的蚯蚓，其生长发育的适宜温度有所不同。其中“大平2号”的生长适宜温度为5~32℃，最适宜温度为23℃；赤子爱胜蚓的生长适宜温度为15~25℃，最适宜温度为20℃。

蚯蚓产卵适宜温度为21~25℃。温度降低，产卵间隔时间延长；温度升高，产卵量减少，卵重减轻，卵形变小。当温度高于36℃时蚯蚓产卵停止，即使产出卵茧，也是未受精卵。卵茧的孵化温度要求从低到高调节，从13~15℃开始，逐步上升到30℃左右，这样的条件可提高孵化率。

虽然蚯蚓的活动、生长、发育和繁殖对温度都有一定的要求，但它对外界不良因素也有一定的适应能力，一般在10~30℃均能生长发育，当土壤温度在10℃以下或在30℃以上时，它都能钻入深土避寒或避热。在人工饲养过程中，应设有通风设备。饲喂蚯蚓所用的食物应经过发酵腐熟后才能喂给。或者饲料层的厚度不超过20厘米，否则饲料产生的发酵热可把蚯蚓赶跑或烫死。

（2）湿度

湿度对蚯蚓的生长发育、繁殖和新陈代谢有着密切关系。蚯蚓吸收和丧失水分，主要通过体壁和蚯蚓的各种孔道进行。蚯蚓没有特别的呼吸器官，它是利用皮肤进行呼吸的。所以，蚯蚓躯体必须保持湿润。水是蚯蚓的重要组成部分（体内含水量一般在75%~90%）和必需的生活条件。蚯蚓生活的自然环境和土壤过湿或过干，均对蚯蚓生活不利。如果将蚯蚓放在干燥环境中，蚯蚓的皮肤经过一段时间就不能保持湿润，蚯蚓不能正常呼吸，会发生痉挛现象，不久就会死亡。所以，蚯蚓必须栖息在潮湿的环境中，当土壤水分增加到8%~10%时，蚯蚓便开始活动，当土壤中水分达到10%~17%时，则十分适宜蚯蚓生活。但太潮湿，易使蚯蚓身上的气孔堵塞致其死亡。

蚯蚓对不利的湿度条件也有暂时的忍受能力，为了生存，它们有时通过运动，转移到适宜的环境里去，有时通过休眠、滞育、降低新陈代谢强度等，以减少水分的消耗。蚯蚓尽管喜欢潮湿环境，甚至不少陆生蚯蚓能在完全被水浸没的环境中较长久地生存，但它们从不选择和栖息于被水淹没的土壤中。养殖床若被水淹没后，多数蚯蚓马上逃走，逃不走的，表现身体水肿状，生活力下降。

（3）酸碱度（pH）

蚯蚓体表各部分散布着对酸、碱等有感受能力的化学感受器，其对酸、碱都很敏感，蚯蚓在强酸、强碱的环境里不能生存，但对弱酸、弱碱环境条件有一定的适应能力。一般说来，蚯蚓所要求的土壤pH为6~8。蚯蚓种类不同，对土壤pH的适应能力也不同，如八毛枝蚓、爱胜双胸蚓为耐酸种，可在pH 3.7~4.7生活。背暗异

唇蚓、绿色异唇蚓、红色爱胜蚓则不耐酸，最适 pH 为 5.0~7.0。碱性大不适宜蚯蚓生活，据对环毛蚓在 pH 1~12 溶液中忍耐能力测定表明，在气温 20~24℃、水温 18~21℃情况下，pH 1~3 和 pH 12 时蚯蚓几分钟至十几分钟内便死亡。随着溶液酸碱度偏于中性，蚯蚓存活时间逐渐延长。不论其栖居的土壤是偏酸或偏碱，经蚯蚓作用都可以变成接近中性的土壤。目前人工养殖赤子爱胜蚓和红正蚓，最好把饲料调至偏弱酸性，这样有利于蛋白质等物质的消化。这里应注意，调节 pH 不能使用硫酸、盐酸、硝酸等强酸，也不能使用氢氧化钠和生石灰等强碱。只有下列弱碱、弱酸才可作为中和剂。碱性中和剂：碳酸钙等。酸性中和剂：有机酸（醋酸、柠檬酸等）。

（4）盐度

土壤和饲料中所含的各种盐类和不同浓度对蚯蚓也有较大的影响，不同种类的蚯蚓对不同种类的和不同浓度的盐类，其耐受性也有所差异。如将红色爱胜蚓、“北星 2 号”赤子爱胜蚓、微小双胸蚓、背暗异唇蚓、威廉环毛蚓放入 0.6% 的盐水溶液中，均可生存 7 天以上。在蚯蚓的养殖中，要注意盐度对蚯蚓的影响，尤其是防止某些农药、化肥等有害污染对蚯蚓的毒害。

（5）通气

蚯蚓是靠大气扩散到土壤里的氧气进行呼吸的。土壤通气越好，蚯蚓新陈代谢越旺盛，产卵茧多、成熟期缩短。蚯蚓不能在二氧化碳、甲烷、氟、硫化氢含量大的环境中栖息。据报道，甲烷气体浓度超过 15% 时，会造成蚯蚓血液外溢而死亡。

在北方有的地方为了保温，在蚯蚓养殖场、养殖室内烧火炉，管道漏烟气会致蚯蚓大量死亡。这是因为烟气中含有二氧化硫、三氧化硫、一氧化碳等有害气体的缘故。在饲料发酵过程中，会产生二氧化碳、氨、硫化氢、甲烷等有害气体，这些气体的含量达到一定的程度，就会毒害蚯蚓。所以，饲料喂前要充分发酵。发酵后的饲料最好经过翻捣、放置一段时间后再喂蚯蚓。

（6）光照

蚯蚓虽然没有眼睛，只是在表皮、皮层和口前叶这些区域有类似晶体结构的感光细胞。蚯蚓身体中部光感觉稍差，后部仅有极微的反应。当蚯蚓从黑暗中突然暴露于光照下时，会产生强烈反应。一般蚯蚓为负趋光性，尤其惧怕强烈的光照刺激，畏阳光、强烈的灯光、蓝光和紫外线照射，但不怕红光，所以蚯蚓通常在清晨和傍晚出穴活动。试验结果表明，蚯蚓通常最适宜的光照度为 32~65 勒克斯，这时蚯蚓静止不动；当光照度增至 130~250 勒克斯时，蚯蚓就会出现负趋光性反应；当光照度增至 190~200 勒克斯时，蚯蚓会极快地藏到较黑暗的地方。因此，养殖场地应避免将蚯蚓暴露于阳光下照射。不过，蚯蚓对光照的反应，可以在养殖采收时加以利用。可利用蚯蚓惧怕光线的特性来驱赶蚯蚓，使之与粪便分离，提高采收效率。

（7）密度

所谓密度是指单位面积或容积中的蚯蚓的数量。养殖密度的大小在很大程度上会影响环境的变化，从而对整体蚯蚓产量及成本都有很大的影响。放养密度小，虽然个体生存竞争不激烈，每条蚯蚓增殖倍数大，但整体面积蚯蚓增殖倍数是小的，产量低，耗费的人力、物力较多。放养密度过大，由于食物、氧气等不足，代谢产物积累过多，造成环境污染，生存空间拥挤，导致蚯蚓之间生存竞争加剧，使蚯蚓出现增重慢、生殖力下降、病虫害蔓延、死亡率增高、幸存者逃逸等现象。因此，掌握最佳的养殖密度是创造最佳效益的一大关键。蚯蚓的放养密度与蚯蚓的种类、生育期、养殖环境条件（如食物、养殖方法和容器）及管理的技术水平等有密切的关系。箱式养殖蚯蚓，放养密度最高，在 1 米^2 面积、25 厘米高的基料中可放养密度为：种蚯 1.5 万 ~2 万条，孵出至半月龄，可放养 8

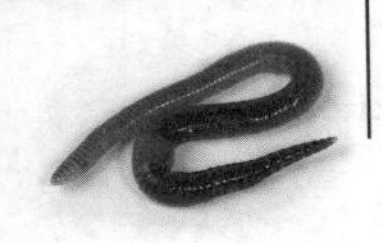

万 ~10 万条，半个月到成体可放养 3 万 ~6.5 万条。若增大养殖密度，就会限制蚯蚓正常生长发育和繁殖，产量就会降低。在养殖蚯蚓时，适时扩大养殖面积、取出成蚓，调整养殖密度，是提高产量的有效措施。

（8）食物

食物是影响蚯蚓的一个长期的、关键的生态因素。食物不足会使蚯蚓间竞争激烈，特别是在养殖密度较高的情况下，个体间对食物的竞争加剧，往往导致生殖力下降、病虫害蔓延、死亡率增加、蚯蚓逃逸等。食物对蚯蚓的影响，不仅表现在食物的数量上，而且体现在食物的质量上。如以畜粪为食的蚯蚓，它们所生产蚓茧数，比以粗饲料（如野草）为食的同种蚯蚓要多十几倍到几百倍；以腐烂或者发过酵的动物性有机物比植物性有机物的饲喂效果好；又如，喂含氮丰富的食物（如畜粪）比含氮少的食物（如秸秆）使蚯蚓生长繁殖更好些。

（9）农药污染

据调查，使用农药尤其是剧毒农药的农田或果园蚯蚓数量少。有机磷农药中的谷硫磷、二嗪农、杀螟松、马拉松、敌百虫等，在正常用量条件下，对蚯蚓没明显的毒害作用。但氯丹、七氯、敌敌畏、甲基溴、氯化苦、西玛津、西维因、呋喃丹、涕灭威、硫酸铜等对蚯蚓毒性很大。大田养殖蚯蚓最好不用这些农药。有些化肥如硫酸铵、碳酸氢铵、硝酸钾、氨水等在一定浓度下，对蚯蚓也有很大的杀伤力。如氨水按农业常用方法兑水 25 倍施用，蚯蚓一旦接触这种 4% 氨水溶液，少则几十秒，多则几分钟即死亡。尿素浓度在 1% 以下，不仅不毒害蚯蚓，而且可以作为促进蚯蚓生长发育的氮源。所以，养殖蚯蚓的农田，应尽量多施有机肥或尿素。

4. 再生

蚯蚓的再生作用使蚯蚓受伤或被切断之后，能够生长出新的组织代替丢失的部分，这种能力叫作再生。蚯蚓的损伤再生能力随种类不同而有很大的差异。一部分低等的水栖蚯蚓的再生能力比高等的陆栖蚯蚓要高；异唇属、正蚓属和杜拉蚓属再生能力较强，而环毛属蚯蚓较差一些。另外，幼蚓比老蚓再生快，并且一般性器官很少再生。通常前面 5~8 节被切断，受伤部分先结成疤，然后逐渐再生出变形的头，假如切去 9 节以上，虽然能够再生，但恢复得较慢。如果在第 15 节以后切断，一般不会再生出头部，但可再生一个缺脑的尾部，成为一条具有两个尾部的变态蚯蚓。而尾部切断再生能力比头部强，有时可以看到一条蚯蚓长出两条分叉的尾巴。

蚯蚓的再生与腹部神经索及肠道表面线状细胞有密切关系。当身体刚切断时，未受伤部分的线状细胞和体腔特殊的游离细胞，将其中含有的糖原进行酵解，大量转移到受伤区域，作为维持再生的能源。正常的蚯蚓每克体重大约含有 5 毫克糖原，当饥饿 6 周后，每克体重含有 3 毫克糖原。但把蚯蚓切断后糖原很快降到每克体重 2.1 毫克。当再生开始时，糖原含量降到每克体重 0.2 毫克，这代表代谢作用加快。组织再生完成 10 周后，才逐渐得到恢复。另外，有人认为环境的温度也会影响蚯蚓的再生，所有种类的再生在夏季较快，一般适合再生的温度在 18~20℃。

5. 休眠与滞育

蚯蚓的生长发育与环境的温度、湿度及所供给的食物等生态因子有着密切的关系。当蚯蚓处于不利的生活环境时，常会出现以下三种情况：

（1）休眠

蚯蚓对不利条件很敏感，一旦条件变好后又可立即活跃起来。

（2）偶然滞育

由不利环境条件引起，当危险尚未解除之前，这种现象不会结束。

（3）专性滞育

发生在一年中特定时间或某些时间里，它不依赖于当时的环境条件，经常对环境改变的某种结果或一些内在机制起反应。

6. 寿命

计算蚯蚓的寿命，一般从幼蚓自蚓茧中孵出开始，到蚯蚓自然死亡为止。不同种类的蚯蚓，其寿命的长短也有差异，一般人工养殖条件下的蚯蚓的寿命长于野外自然条件下生活的蚯蚓。如双胸蚓在干旱、贫瘠条件下寿命仅为 2 个季度，而在较好的环境条件下，其寿命可延长至 2 年多；又如正蚓类在田间的寿命约 4 年，而长异唇蚓在人工养殖条件下其寿命可长达 10 年，赤子爱胜蚓在人工养殖条件下的寿命更长，可达 15 年。

三、生长繁殖特点和育种

（一）蚯蚓的繁殖特点

1. 蚯蚓的生活周期

蚯蚓自蚓茧产下开始至幼蚓孵化，直至发育成熟，出现环带并开始产卵，称为一个生活周期。蚯蚓的生活周期由于品种、地区、食物和饲养条件的不同而有较大的差异。即使同一个品种，在不同的温度、湿度和食料的条件下，其生活周期也不一样。据试验，在人工养殖条件下，赤子爱胜蚓的蚓茧需14~28天孵化成幼蚓，再经30~45天生长为成蚓，成蚓交配后5~10天开始生产蚓茧（表1）。若饲养条件适宜，成熟蚯蚓1.4~5.5天产1个蚓茧。平均每条蚯蚓的生活周期（世代间隔）为70天左右。许多水栖蚯蚓，在其生活史中有无性世代和有性世代相互交替的现象，即世代交替。如仙女虫科的蚯蚓，在夏季以无性生殖方式繁殖，而到了秋、冬季则进行有性生殖，此时依靠蚓茧和受精卵卵裂所产生的外胚膜来保护胚胎免受低温、冰冻的损害，待到翌年开春以后，温度上升，幼蚓自蚓茧内孵化出来，经过生长发育，到了夏季达到性成熟，又开始了无性分裂。但是很多陆栖蚯蚓仅有有性生殖，一般不进行无性生殖，所以陆栖蚯蚓没有世代交替现象。

表1　不同温度条件下赤子爱胜蚓的生活周期

温度/℃	饲料含水量/%	蚓茧孵化/天	环带出现/天	成熟产蚓茧/天	生活周期/天
22	60~65	14	32	1	47
22	60	17	53	2	72
26~31	60~67	25	32	4	61
31~32	60~67	16	69	3	88

2. 蚯蚓的生长发育特点

蚯蚓的生活史是蚯蚓一生中所经历的生长发育及繁殖的全过程。生活史包括一个生殖细胞的发生、形成和受精，胚胎发育到成体的衰老、死亡。一般人为地分为蚓茧形成、胚胎发育和胚后发育三个阶段（图 13）。

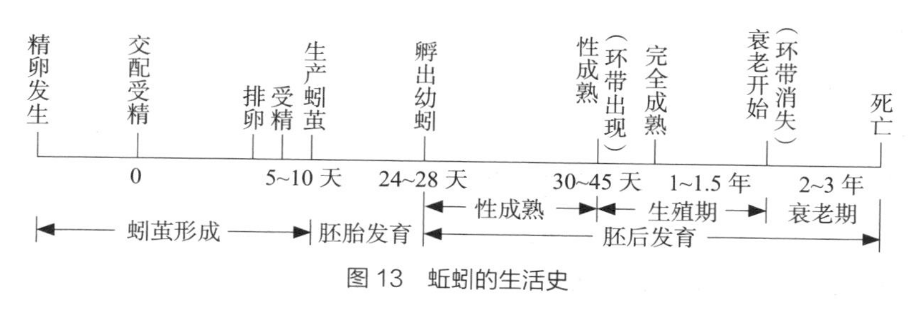

图 13　蚯蚓的生活史

（1）胚胎发育

蚯蚓的胚胎发育是指从受精卵开始分裂起，到发育为形态结构特征与成年蚯蚓类似的幼蚓，并破茧而出的整个发育过程（即蚓茧的孵化）。蚯蚓胚胎发育的完成即为蚓茧孵化过程的结束。孵化所需的时间及每个蚓茧孵出的幼蚓数，随蚯蚓种类及孵化时的温度、湿度等生态因子的不同而有差异。如赤子爱胜蚓的蚓茧孵化时间一般需 2~11 周，通常每个蚓茧可孵出 1~7 条幼蚓。此外，蚓茧孵出幼蚓的数量还与蚓茧本身的质量和大小有着密切的关系，通常蚓茧较重，孵出的幼蚓则较多。受精卵发育成幼蚓是一个很复杂的过程，可分为下述几个阶段：

①胚胎期。是受精卵发育成为胚胎，出卵膜之前的这一段时期。整个胚胎为球形的小圆点，颜色稍暗。在显微镜下仔细观察，周围紧包着一个透明的卵膜。此时期 1~4 天。

②蠕动期。胚胎已出膜，漂浮在蚓茧里的蛋白液之中。胚体为囊状或袋状，胚体周围的卵膜已消失。对于早期胚体观察时，可见

缓慢的蠕动。稍晚的胚体，蠕动则较明显。此时期 7~10 天。

③体节期。此时期胚体为长袋状，蠕动很明显，胚体上可见数目不等的体节，腹部充满营养物质，非常明显。此时期 7~10 天。

④血管期。胚体为长袋状或像结扎很松的线绳，为蚓茧长径的 1 倍左右，整个蚓体卷曲在蚓茧中。仔细观察，胚体中有一根红色血管。茧中的蛋白质已消耗完毕，整个蚓茧都呈红色。此时期 8~15 天。

⑤心搏期。整个蚓茧带红色，环血管已充分发育并开始搏动，在放大镜下观察，心区为一红斑。用显微镜观察，动脉弧鲜红，搏动有力。胚体头端频繁钻动。此时期 1~3 天。

凡具有上述特征的蚓茧均是有效蚓茧；反之，如胚胎期的蚓茧中空洞无物，或昏暗不透明，大都是无效蚓茧。如在蠕动期或体节期的胚体，在显微镜下观察，长久不见动静成为黑色状物为无效蚓茧；在血管期胚体发白不透明或红色暗淡。长久僵直不动，多属死胎，则茧为无效蚓茧。蚓茧周围长毛或多寄生虫亦为无效蚓茧。

（2）胚后发育

胚后发育是指从蚓茧中孵化出来的幼蚓经生长发育到性成熟、生殖后代，然后逐渐衰老直至死亡的全过程。蚯蚓的生长，一般指蚓体质量和体积的增加，而蚯蚓的发育是指蚯蚓的构造和机能从简单到复杂的变化过程。两者既有区别，又密不可分。

从蚓茧中刚孵出的幼蚓呈乳白色，2~3 天后即变为桃红色，生长至 1 厘米时即接近成蚓的体色。幼蚓在达到性成熟前，生长十分迅速，体长、体重迅速增加，自性成熟（环带出现）到衰老开始（环带消失）这一阶段，蚯蚓体重增加不多，但繁殖力很强。蚯蚓在环带消失后，体重逐渐减轻，直至衰老死亡（表 2）。

表2 正蚓科蚯蚓的生长情况

时间 / 周	刚孵出时	1	3	5	7	9	11	13（开始产卵）	15
体长 / 毫米	28	32	42	58	76	94	120	150	171
体重 / 克	0.039	0.063	0.167	0.370	0.725	1.750	3.541	6.655	7.400

蚯蚓生长发育时间的长短往往因种类不同而异。在相同条件下，赤子爱胜蚓、红色爱胜蚓、背暗异唇蚓的生长期均为 55 周，红正蚓为 37 周，绿色异唇蚓为 36 周，长异唇蚓为 50 周，枝蚓为 30 周。

蚯蚓的生长发育与温度、湿度及所供给的饲料丰瘦多寡等生态因子有密切关系。如淡红枝蚓，分别在 9℃和 18℃的温度下饲养，需要 100 多天后才能达到性成熟，性成熟后 300~400 天环带消失，到 500~600 天蚯蚓趋于死亡。如果在 9℃温度以下养殖淡红枝蚓，性成熟、环带消失更晚，寿命更长。在自然条件下，处在同一生态环境中的蚯蚓，不同季节孵出的幼蚓，其性成熟时间和身体的丰满程度也不一样。如在自然界生活的一种双胸蚓，秋季孵出的幼蚓直到第 3 年的春季才达到性成熟，然而春季孵出的幼蚓，在 8—9 月就可达到十分丰满，并在翌年春季达到性成熟。夏季孵出的幼蚓，遇上炎热干旱的不良条件，其生长也十分缓慢，到第 3 年的春季才能达到性成熟，生长发育的时间为 22~26 个月。故在野外农田或园田养殖蚯蚓时应注意，尽量选择蚓茧大量孵化的春季引种，这样能大大缩短养殖周期，以繁殖更多的蚯蚓，获得更高的产量。

在养殖蚯蚓过程中，必须及时测定蚯蚓体重的增长速度，并与通常养殖标准进行对照，比较分析，以便及时发现问题，处理问题，避免损失。蚯蚓体重增长的表示方法如下：

纯增重 = T_2-T_1

平均日增重 = T_2-T_1/S

相对增重 = T_2–T_1/ T_2 × 100%

T_1 代表初始体重，T_2 代表终末体重，S 代表日龄。

3. 蚯蚓的繁殖特点

（1）蚯蚓的生殖方式

蚯蚓是雌雄同体，但繁殖时通常是异体交配，少数品种也有自体交配现象，称为处女生殖。在自然条件下，除了严冬或干旱之外，一般在暖和的季节，从春季到秋末都能够繁殖。我国南方热带和亚热带地区及北方人工保温养殖的条件下，一年四季都能够繁殖。无论蚯蚓行孤雌生殖，还是异体受精，都要形成性细胞（卵细胞），并排出含一个或多个卵细胞的蚓茧，这是蚯蚓繁殖所特有的方式。

（2）生殖细胞的形成

蚯蚓是雌雄同体，雌雄生殖细胞分别发生于同一个体的精巢和卵巢中。雄性生殖细胞叫精子，雌性生殖细胞叫卵子或卵。随着蚯蚓个体生长，生殖腺逐渐发育，其内也逐步进行着生殖细胞的发生过程。到一定的时期，生殖细胞再排入贮精囊或卵囊内，进一步发育成精子或卵子。精子和卵子都是高度特物化的细胞（图 14）。

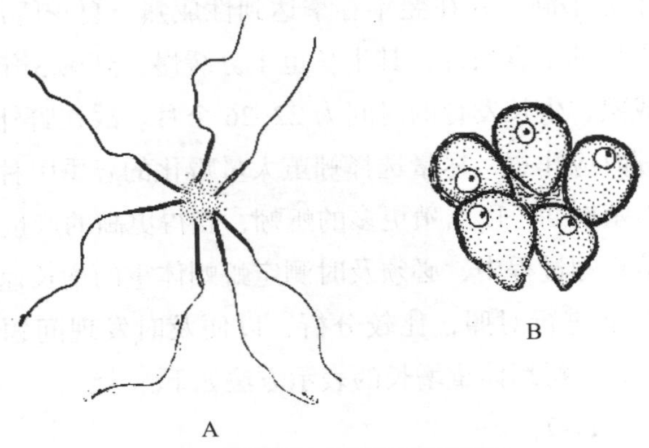

图 14　普通环毛蚓的生殖细胞

A. 精子；B. 卵子

①精子形成。精原细胞群由精巢中的滤泡（生殖细胞块）形成，进入贮精囊，这些细胞群含有处于发育各期的雄性细胞。这些细胞最后都变成了精子，它们先在贮精囊中游离着，但是很快便进入精巢，并附着在精漏斗表面，直到交配。成熟的精子包括头、中段和尾三部分。头部为长棒状，主要是细胞核物质。尾部主要是一根很细的鞭毛，借助鞭毛的摆动，精子能在精液中游动。蚯蚓精子全长 72 微米，有的可长至 80~86 微米（为人类精子长度的 2 倍）。精子具有纤毛状的尾部，可行游泳状运动，交配时精子由漏斗的纤毛驱赶至输精管，然后经输精管从雄孔排出，与悬浮的卵相遇而受精。

②卵子形成。卵子发育开始时期一般发生在卵巢的基部，由卵原细胞形成，分裂并形成卵母细胞。这些细胞不再分裂，只是增加大小和累积卵黄。当腹膜破裂后，卵母细胞从卵巢排出进入卵囊，进行减数分裂。成熟时卵子经输卵管由雌孔排出至生殖带分泌的茧中。真蚓的卵在发育早期就已排至卵囊中，所以除了在性发育早期，它们的卵巢都较小。

蚯蚓的卵多为圆球形、椭圆形或梨形。陆栖蚯蚓的卵较小，而水栖蚯蚓的卵较大，其内含有大量的卵黄。赤子爱胜蚓卵的直径只有 0.1 毫米，由卵细胞膜、卵细胞质、卵细胞核及最外面一薄层由卵本身分泌的卵黄膜所构成。存在于卵囊或体腔液中的卵，没有运动器官，只能被动地排出，即依靠蚯蚓的卵漏斗接纳和输卵管上纤毛的摆动，使其经雌孔排出体外。

（3）交配

蚯蚓性成熟后即可进行交配，其交配方式大多为异体交配，配偶双方相互受精，即把精子输送到对方的受精囊内暂时贮存。交配行为发生于地表或在饲料表面或地下饲料中，多在夜间进行。在地面或饲料表面有遮阴时，也可发生于白天。野生蚯蚓多在初夏和秋

季夜晚时分，在含有丰富有机质的堆肥处交配；而人工养殖的蚯蚓，只要条件适宜，一年四季均可交配繁殖。

不同种类的蚯蚓交配的姿势大致相同。交配时两个个体的前端腹面相对，头端互朝相反方向，借生殖带分泌的黏液紧贴在一起，一条蚯蚓的环带区紧贴在另一条蚯蚓的受精囊孔区，环带区副性腺分泌黏液紧紧黏附着配偶，并且在环带之间有两条细长的黏液管将两者相对应的体节缠绕在一起。赤子爱胜蚓在交配时，两条蚯蚓相互贴紧的腹面凹陷，形成两条明显的纵行精液沟。精液沟内的拱状肌肉有规律地收缩，使雄孔排出的精液向后输送到自身的环带区，并进入到配偶的受精囊内。交换精液后，两蚯蚓即分开。待卵成熟后，生殖带分泌黏稠物质，于生殖带外形成黏液管，排卵于其中。当蚯蚓后退移动，黏液管移到受精囊孔时，即向管中排放精子。精卵在黏液管内受精，最后蚯蚓退出黏液管，管留在土壤中，两端封闭，形成蚓茧，卵在蚓茧内发育（图 15）。此交配过程 2~3 小时。

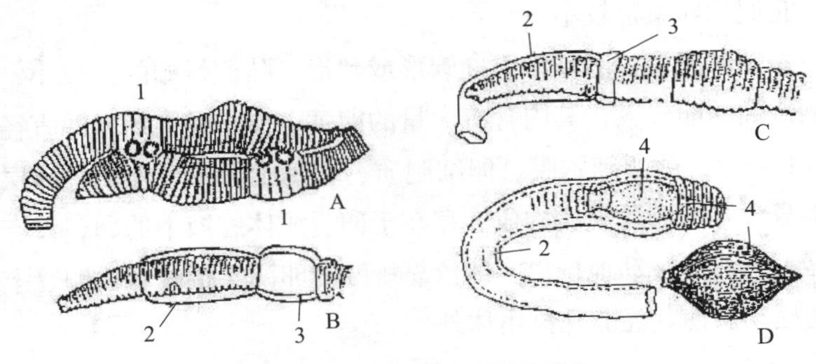

图 15　蚯蚓的交配与卵茧的形成

A. 2 条蚯蚓在交配；B. 分泌黏液管和蛋白质管；C. 黏液管和蛋白质管往前滑出；D. 游离的黏液管包着蚓茧和脱离出的蚓茧

1. 生殖带；2. 黏液管；3. 蛋白质管；4. 蚓茧

（4）排卵与受精

在交配过程中或交配后，成熟卵即开始从蚯蚓的雌孔中排出体外，落入环带所形成的蚓茧内。蚯蚓的受精过程是包含一个至多个卵的雏形蚓茧途经受精囊孔时，原来交配所贮存的异体精液就排入雏形蚓茧内。

（5）蚓茧

蚯蚓产生蚓茧的过程由蚓体环带分泌蚓茧膜及其外面细长黏液管开始，经排卵到雏形蚓茧中，并从蚓体最前端脱落，蚓茧前后封口为止。

①蚓茧的结构。蚓茧构造分为三层：外层为蚓茧壁，由交织纤维组成；中层为交织的单纤维；内层为淡黄色的均质。刚产出的蚓茧，其最外层为黏液管，质地较软，一般黏性较大，随后逐渐干燥而变硬，黏液管的内面为蚓茧膜，此膜较坚韧，富有一定的保水和透气能力。蚓茧膜内形成囊腔，并有似鸡蛋清的营养物质充斥着，卵、精子或受精卵悬浮其中，蛋白液的颜色、浓稠程度常因蚯蚓种类和所处的环境不同而有所差异。

②蚓茧的形态特征。蚓茧的形状、大小、颜色、含卵量常因种类不同而有所差异。蚯蚓所产的蚓茧通常多为球形、椭圆形，有的为纺锤形、袋状或花瓶状等，少数呈长管状或细长的纤维状。蚓茧的大小常与蚯蚓个体大小成正相关，如陆正蚓产的蚓茧宽 4.5~5 毫米、长约 6 毫米，环毛蚓产的蚓茧宽约 1.8 毫米、长约 2.4 毫米，赤子爱胜蚓产的蚓茧宽 2.5~3.2 毫米、长 3.8~5.0 毫米。蚓茧的端部也有差异，如有的呈簇状、茎状，有的呈锥状、伞状等（图 16）。另外，蚓茧的长度与分泌黏液管和蚓茧膜的环带的长短有关。蚓茧的颜色一般随着蚓茧产出后时间的推移而逐渐改变，刚生产的蚓茧多为白色或淡黄色，随后逐渐变为黄色、淡绿色或淡棕色，最后可能变为暗褐色、紫红色或橄榄绿色等。不同种类的蚯蚓，其蚓茧含

卵量不同，有的仅含一个卵，有的含多个卵。如环毛蚓一般为 1 个卵，少数有 2~3 个卵；赤子爱胜蚓每个蚓茧内含有 1~20 个卵，一般含 3~7 个卵。

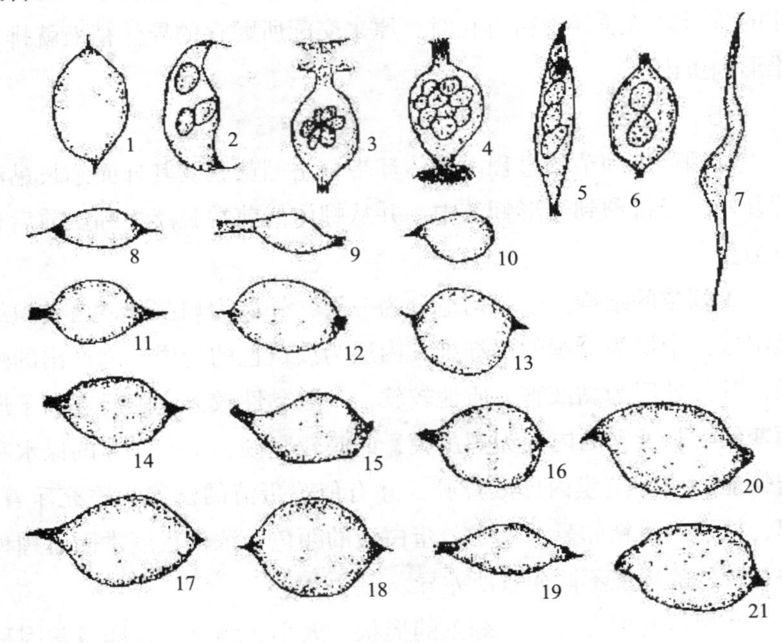

图 16　蚯蚓蚓茧的外形

1. 普通环毛蚓；2. 铁线单向蚓；3. 吻蚓；4. 札幌冠蛭蚓；5. 日本带丝蚓；6. 正颤蚓；7. 沟坑羊蚓；8. 方尾小爱胜蚓；9. 深红枝蚓；10. 八毛枝蚓；11. 淡红枝蚓；12. 绿色异唇蚓；13. 红色爱胜蚓；14. 背暗异唇蚓；15. 爱胜双沟蚓；16. 红正蚓；17. 蓝色辛石蚓；18. 正蚓；19. 赤子爱胜蚓；20. 长异唇蚓；21. 夜异唇蚓

③蚓茧的生产场所。多数蚯蚓将蚓茧卵包产在 0~10 厘米的表土层，但不同种类的蚯蚓，其蚓茧生产的场所有所不同（图 17）。如红色爱胜蚓、背暗异唇蚓、日本异唇蚓常产于潮湿的土壤表层，遇干旱时则产于土壤较深处；八毛枝蚓常产蚓茧于腐殖层中；赤子爱胜蚓常产于堆肥处；水栖蚯蚓则产蚓茧于水中。

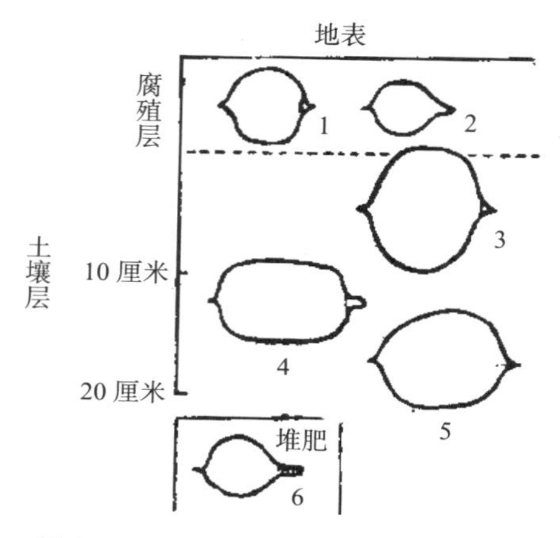

图 17　不同种类蚯蚓蚓茧在土壤中的位置

1. 枝蚓属卵包；2. 双胸属卵包；3. 日本樱蚯蚓卵包；4. 背暗异唇蚓卵包；5. 红色异唇蚓卵包；6. 北美爱胜蚓卵包

④蚯蚓产蚓茧量。不同种类的蚯蚓所产蚓茧量也有所差异。野生蚯蚓的蚓茧生产有明显的季节性，在自然界常受各种因素的影响，遇到高温、干旱或食物供应不足等不良环境条件时，常伴随蚯蚓的滞育、休眠而停止生产蚓茧。人工饲养的蚯蚓可全年生产蚓茧，在 20~26℃条件下，每条蚯蚓每天可产 0.35~0.8 个蚓茧。

⑤蚓茧的抵抗能力。蚓茧对外界的不良环境有一定的抵抗能力，但其抵御能力是有限的。温度过高会使蚓茧内的蛋白质变性，温度过低会使蚓茧内的受精卵冻死，蚓茧长期被水浸泡，会引起透水膨胀而导致蚓茧的破裂，过于干旱的环境则会使蚓茧失去水分而导致干瘪。

4. 蚯蚓的人工繁殖方法

（1）种蚓的选择

每种蚯蚓均有各自的地域分布范围，对此应有所了解，根据本场实际情况进行重点划分选择，选择上主要按所选蚯蚓的体态、色

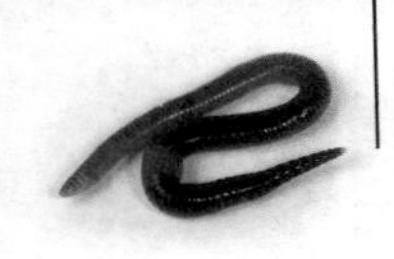

泽、环带部位及其状态等区分其不同的蚯蚓种类。绝不可将不同种类的蚯蚓混养在同一载体之内，否则，将引起种群间的残杀和长期混乱。在同一品种的选择上也需从体态、色泽、环带状态等方面进行择优。

①体态要求。体型上健壮饱满，挣扎动态刚劲有力，活泼敏捷，爬行速度快，无粗细不均和萎缩现象。

②色泽要求。颜色鲜艳，基本一致，如爱胜属蚓要求鲜栗红色，湖北环毛蚓要求呈宝蓝色荧光等。光泽柔润，体液丰盈。

③环带要求。环带的发育优劣关系到蚯蚓的繁殖率及后代的质量。要求性成熟者环带硕大丰满，即使产卵后环带也很明显。

④对光温的敏感程度要求。蚯蚓对光温的感知敏感程度直接关系其对气候、微生态和生理乃至机体生化运动的自调能力。实质上涉及其内在的品质问题。如果蚯蚓对较深红色有所反应并逃避，说明该蚯蚓对光的敏感程度高；如果蚯蚓在 0.5℃温差之间具很快的趋温性，即说明该蚯蚓对温度敏感程度较高。

⑤对复原体的要求。蚯蚓具有全信息性的再生能力，即截体数段的残体均可在伤口愈合的同时独立形成一复原整体。对于这种复原体不论体态如何均不得被选入育种群。

（2）种蚓的投种密度

人工繁殖时，种蚓群的寄栖面积有一个由大变小的过程。该变化是随产卵率的下降而变化，但其种蚓数量并没有减少。相反，由于对所产蚓茧的筛取不严而遗漏孵化出的子代蚓使种群数量有所增加，所以须采取措施控制投种蚓密度。

①常温下的投种密度。常温下，种蚓可按每平方米 2 万条的密度投种。根据实际情况，可在上下 3 000 条幅度浮动。基料温度超过 25℃时，可降为 1.7 万条左右，同时载体下层注意保持增氧剂的含量，一般每平方米的拌入量不得少于 50 克。基料温度低于 18℃

时，可增加至 2.3 万条，在此状态下，其总产卵水平可基本保持稳定。

②特高气温条件下的投种密度。所谓特高气温条件是指使载体温度可达到 30℃以上的气温状态。此时，在综合降温的治理条件下，浅池载体的承受能力为 1 万 ~1.5 万条，较适宜密度仅为 1.2 万条。

③低气温条件下的投种密度。所谓低气温条件是指 18℃以下的气温环境。此时，可按每平方米 4 万条的密度投种，但此阶段的投种规格要有所变动，即改统一规格为大、中、小多级规格。根据各地气温现状，低气温时间越长的地区所投规格级别越多，低气温时间越短的地区所投规格级别越少。其原则是以气温转暖时原最小规格的种蚓也将成为要淘汰的对象为准，此时正是转为常温繁殖的时机。冬季多规格投种有利于高密度自温繁殖且互为空间而不显得拥挤，同时，也不耽误常温繁殖的时机。这种多规格、高密度的投种方法无须于冬季中再进行接力式更新原种，只需在全部淘汰之前进行一次预培换种。

（3）稳定种蚓产卵节律

如何稳定种蚓产卵节律是企盼高产卵率的重要课题。高繁殖优势率的蚯蚓需要一定的安定环境，否则很难发挥其高的产卵率。蚯蚓能通过全信息作用修补复原外力的破坏，同样蚯蚓也通过全信息作用来决定和调节产卵、蚓茧的节律频度。试验证明，稳定的载体环境可使产卵数量及质量保持良好的状态。为此，务必保持如下四项具有规范性管理措施。

①定时取卵。根据蚓种密度和季节状况，一般可定为每 10~15 天取卵 1 次。气候温暖，每 10 天取卵 1 次，气温偏低则每 15 天取卵 1 次。另外，在同一气温条件下，密度高，产卵速率高，每 10 天取卵 1 次；密度一般，产卵速率低，每 15 天取卵 1 次。收取蚓

茧的时间一旦确定就不要随意变动，否则将严重影响正常产卵节律。同时，对幼蚓孵化出壳的时间也带来了不一致的影响，甚至会造成大量幼蚓被孵出于繁殖群中，导致繁殖种群质量的下降。

②轻取卵茧。收取卵茧时动作、响声不宜太大，以不惊扰种蚓的安宁为度。为方便起见，取蚓卵茧之前可喷洒一次“病虫净”，一方面是定时防虫、防霉，另一方面可暂时驱种蚓产生自调性下钻。必要时也可以强光驱蚓取卵。此时，刮去表层基料，即可较为大胆、顺利地按顺序一小片一小片地筛取蚓茧了。基料的筛取深度约为 3 厘米。

③注意营养、激素的同步性。加强种蚓营养是确保正常产卵率及蚓茧质量的重要保证；激素促卵是刺激性生理运动，保持紧张并加速营养酶解、醇化作用是促进优质蚓茧形成的重要措施。但是节律性较强的种蚓群，其蚓茧的形成已具有一定的规律性。这一规律性必将给营养作用和性功能作用产生一定的规律性的影响，也对人工养殖蚯蚓中营养和促卵添加剂的提供同样产生了规律性的要求——即双重作用的同步性功能要求。试验说明，在每次收取蚓茧的前 5 天投喂高蛋白精饲料和每次收取蚓茧后的第 2 天喷洒促卵添加剂是最佳双重作用的同步点。这里需注意的是，营养不足，不可促性；促性不足不必营养太足。如果常常发现产有一定量的小卵和畸形卵，则认为促性有余营养不足；如果发现蚓茧硕大但产卵量大减，产卵间隔时间过长，则说明营养较足、促性不够。

④定时、定量加换基料。收取蚓茧之后，如果被筛基料还有继续使用的价值，应立即按原状将基料覆盖其上；如果该繁殖池已到了添加新基料的时间，可立即取新基料进行覆盖，或将新基料与原基料混匀后覆盖，以尽快恢复其原载体厚度，稳定其固有生态要求。新基料的添加应具有规律性的相隔时间，以便其新基料的气味

也表现出节律性的条件反射作用。需大动作彻底更换底层基料时，应选择气温较暖的状况下进行。更换时，先将 1/2 面积的中上层基料划向另外的 1/2 面积的上层基料上，迅速挖出底层废基料，随即将原中、上层基料依次垫入之后，以同样方法挖取另外的 1/2 废基料，然后抹平，加入的新基料应与原高度相同。

（4）蚯蚓淘汰和更新

种蚓产卵的高峰期一般可达 2 年，但促性繁殖的种蚓要求在一年之内淘汰掉。淘汰方法有多种，如人工剔选法、药选法、光选法、全群更新法等。

①人工剔选法。一般是以手工将略欠光泽、欠强壮、环带松小、反应迟钝甚至萎缩的老蚓剔除，或投入商品蚓之中。该法虽可随时进行，但不可在种蚓池中任意翻动，只可划整为零分小片进行。该方法较直接简单，但功效很差，故只适用于松散性好的基料，随时进行。也可结合收取蚓茧时同时进行。

②药选法。此方法是借蚯蚓对药力的非适应性刺激作用，将身体强壮的种蚓驱出载体表面。然后收取留用，将反应迟钝、驱而不动的种蚓全部淘汰掉。该法工效较高，但用药须谨慎。方法是将 3 000~5 000 倍的高锰酸钾溶液或以 300~500 倍的生石灰水溶液喷洒蚓池。喷洒时应采取循序渐进的稳妥步骤进行。每喷洒一次应观察一会儿，以有大量种蚓爬出基料表面为准。如果屡喷无效，则需加大药剂浓度，或者加大喷液量，但不可一开始就加重药量或加大喷液量。经过药选的种蚓，不论是保留还是淘汰均应在选完之后向蚓体喷以清水，并立即投入各自的基料之中。

③光选法。光选法是一种比较彻底的好方法，具有一定的直观性和选优性，特别适合彻底更换产卵种蚓。其方法是将基料逐步铺于一装有玻璃台面的灯箱上，开启箱内日光灯，让种蚓自行爬出表面；与此同时，从种蚓对红灯光的敏感程度的观察进行择优汰劣。

具体操作如下：Ⅰ.将带蚓基料铺于灯箱的玻璃台面。厚度约为3厘米；要求铺撒均匀，不要使箱内灯光外露（箱内日光灯可呈均匀分布状，装4~6支）。Ⅱ.灯箱台面上吊一红色电灯，其红色光谱可试验调定，以刚好使健壮蚯蚓能感觉到，而使老化蚯蚓难感觉到为标准。所需红色调可以红布包裹灯泡或透明红色颜料浸染灯泡为宜。但色调一定要符合测定的所需光谱。Ⅲ.带蚓基料铺上玻璃台面后，健壮种蚓马上钻出基料表面。等到一个通过试验而确定的标准时间之际便开启红色电灯。此时，健壮敏感的种蚓感觉到了红色光谱便将头部重新向基料下面钻。非敏感的老弱种蚓则无动于衷。从这一观察的结果我们可作如下判断和选择：若被驱向表面的种蚓见红光即绝大部分头部下钻则认为表面种蚓全部优良，应立即用刮板和小耙将表面种蚓全部取下保留，剩下部分为淘汰对象。若表面种蚓爬到表面的时间已超过了标准时间，或对红光没有多大反应则认为全部老化，应全部更新。

（5）蚓茧的孵化

蚓茧孵化时间的长短和孵化率的高低，是人工养殖蚯蚓获得高产的关键环节。通常情况下，蚯蚓将蚓茧产于蚓粪和吃剩下的饲料中，因此，可把蚓粪和剩余的饲料收集起来，给予适宜的温度和湿度进行人工孵化。蚓茧孵化时的温度特别重要，直接影响着蚓茧的孵化时间和孵化率。在适宜的温度范围内（10~33℃），蚓茧孵化时温度越高，孵化所需的时间越短，但孵化率和出壳率下降。蚓茧孵化的最佳温度为20~25℃，最佳湿度为60%~70%。为了缩短孵化时间，提高孵化率，在孵化初期可保持15℃，以后每隔2~4天加温2℃，逐渐提高温度，直至27℃为止。这样孵化时间短，孵化率高，能获得较好的效果。幼蚓孵出后应马上转移到25~35℃的环境条件下养殖，并供给充足、新鲜、营养丰富、易消化的饲料。

在集约化规范养殖情况下，往往要将蚯蚓卵进行单独孵化。一般每 10 天左右收取 1 次蚯蚓卵，进行精细管理，孵化出发育期一致的幼蚓，便于今后饲养管理，培育出整齐划一的蚯蚓产品。常见的孵化方法有以下几种：

①缸盆自然温度孵化法。除了冬季外，其他季节只要温度在 8~31℃均可进行，在此温度下一般经 10~30 天可完成孵化过程。此法管理比较简单，一次性孵化量较大，但占地面积也较大。其方法如下：使用盆作为孵化容器时，通常在盆中放入占盆 2/3 容积的基料，按 300~400 粒 / 厘米 ^{2} 的密度均匀撒上一层卵，然后再覆盖 3~5 厘米厚的基料，洒水保持基料含水率稳定在 65% 左右。使用缸作为孵化容器时，可以分层放卵，先在缸底撒 20~40 克的长效增氧剂，放入一个距缸底 10~20 厘米的竹编圆托盘，上面放直径 3 厘米左右的换气筒，然后加入基料至缸高的一半，薄薄撒上一层干净基料后，按 500 粒 / 厘米 ^{2} 的密度撒一层蚯蚓卵，覆盖 3 厘米的基料后再撒一层卵，如此重复直到基料占缸高度的 3/4 为止，最后喷洒一次水，保持基料含水率在 65% 左右。在气温较低时，可在缸盆上覆盖无滴塑料薄膜或移入室内保温。

②缸盆发酵增温孵化法。此法适于用缸作为孵化容器。将换气筒直接竖立在缸的底部，先放 10 厘米厚的酒糟，上面撒一些酒曲，然后将新鲜牛粪拌入 5% 的麦麸、米糠或黄粉虫虫粪，铺在酒糟上至缸高的一半，在牛粪基料中拌入 3% 的麦麸或黄粉虫虫粪，铺 10 厘米厚，按 500 粒 / 厘米 ^{2} 的密度撒一层虫卵。覆盖 3 厘米的基料后再放一层卵，一直到占缸高度的 3/4 为止。最后插上温度计，覆盖无滴塑料薄膜，在前期要严密监视温度变化，若温度高于 26℃应及时喷洒冷水降温或插孔放热；后期若温度低于 20℃，可在换气筒中加入麦麸或黄粉虫虫粪，但量不要太多，第二天温度上升到正常范围即可。

③电热加温孵化法。在基料中埋入电热线或红外加热器，具

有加热均匀、安装操作方便、耗电量小等特点。也可建造容积 1~2 米^3 的专用孵化池，池墙双层，中间填充珍珠岩保温，池内壁涂上远红外线涂料，安装电极及调温开关。使用时将木箱、盆等孵化容器放入孵化池内，盖上硬质的泡沫塑料盖即可。

5. 提高产茧量及孵化率的方法

自然界中蚯蚓的产茧有明显的季节性，一般炎夏和严冬产茧的蚯蚓很少；但温度、湿度、食物供应等环境因素都合适时，很多蚯蚓能终年产茧。蚯蚓产茧量受温度的影响。如异唇蚓的产茧量，在 6~16℃时，产茧量相差 4 倍以上。爱胜蚓在 20℃时，供给营养丰富饲料，实验第 4 天开始产茧，平均每条蚯蚓每两天产 1 个茧，孵化率 96%。影响蚯蚓产茧量的因素主要有：

（1）温度

据试验，每条赤子爱胜蚓成蚓每月可产蚓茧 24 个。在 8.5~25℃时，蚓茧的产量与温度高低呈正相关。但高达 35℃时，受精卵受到干扰，成为死卵，产茧数量明显下降。生产中，冬天可利用地下室、育苗暖棚，夏天可在地下室，或阴凉处饲养，以提高蚯蚓的繁殖速度。

（2）湿度

含水量超过 45% 时，所产蚓茧前后两头无法收口而被溶解，蚓茧浸在水中，外面的溶液渗过卵膜，进入胚胎，破坏了卵膜的离子浓度和腺体结构而死亡。过湿条件孵化出来的幼蚓又胖又肿，抵抗力低，繁殖力不高；湿度过低，同样影响繁殖。干燥的环境，蚯蚓处于休眠状态。当含水量降至 20% 时，产量降低；低于 20%，卵包干瘪，死胎增多，孵化率降低，幼蚓瘦小虚弱。根据观察，湿度在 56%~65% 时，对“北星 2 号”孵化有利。

（3）营养

饲料营养不足，缺乏氮素和碳素，蚯蚓成熟期推迟，产卵减少。改进办法是综合应用牛粪、猪粪、鸡粪，合理搭配下脚料，必要时，可加入0.02%~0.05%的尿素稀释液浇用，有助于提高蚯蚓的产卵率和缩短成熟期。

（4）通气

有人在新鲜空气和闷热空气2种不同条件下饲养蚯蚓30天，蚯蚓产茧数分别为7.8粒和1.2粒，差距较大。空气含氧量为20%，含二氧化碳为0.03%~0.06%，若二氧化碳超过1%，就会影响产茧繁殖。蚯蚓在缺氧条件下，体色暗淡无光，活动迟缓、体弱、后代死亡率较高，所以饲养蚯蚓要保持空气新鲜。

提高孵化率除选择繁殖力高的良种、加强营养、及时移去蚓茧外，尚需改善环境条件如蚓床疏松通气，有利于蚯蚓的活动取食，可促成其高产。蚓茧孵化主要依靠蚓茧中的营养物质贮备。因此，胚胎的发育与外界环境的关系，主要表现在温度与湿度上。适当温度可加快孵化速度，提高孵化率。幼蚓的好坏，各种蚯蚓要求不相同的温度。爱胜蚓为20~25℃；异唇蚓为25℃左右。从幼蚓数量看，在25℃下孵化的幼蚓健壮的较多约占37%，在30℃以上，孵化速度较快，但体弱的多达80%，幼蚓总质量和个体平均质量都较轻。

（二）蚯蚓的育种

1. 适于人工养殖的蚯蚓种类

世界上蚯蚓种类很多，要开展人工养殖蚯蚓，首先要了解蚯蚓有哪些种类？哪些是属于野生种？哪些不适合人工养殖？我国

的蚯蚓种类众多，全国广泛分布的有环毛蚓属、爱胜蚓属、异唇蚓属、杜拉蚓属蚯蚓。适合人工养殖的蚯蚓品种有近 20 个。由于各个品种多方面的特性差异，所以不同品种是不能进行混养的。

（1）赤子爱胜蚓 *Eisenia foetida* Sarigny

赤子爱胜蚓属于正蚓科，爱胜蚓属，是目前世界上公认的养殖佳品。主要分布于新疆、黑龙江、吉林、辽宁、北京、四川等地。20 世纪 80 年代被引入我国的“北星 2 号”“大平 2 号”就是由赤子爱胜蚓中优育出来的改良品种。该蚓身体呈圆柱形，体色多样，一般为紫色、红色、暗红色或淡红褐色。有时在背部色素变少的节间区有褐色交替的带。体长 30~130 毫米，一般短于 70 毫米，体宽 2~5 毫米，有 80~110 个体节（图 18）。环带较粗大，位于第 25~33 体节间。爬行时白色环节明显，清晰可数。背孔自第 4、第 5 节开始后延，背面及两侧肉红色或栗红色。节间沟无色，可见条纹；愈向身后愈明显，蚓龄愈老愈明显。尾部两侧呈黄色，且愈老愈深。身体较环毛蚯蚓软，体扁，尾略成钩状。

该品种特别耐高湿，对光、温、气、湿、声、嗅、触、震极为敏感，是所有蚯蚓品种中自调适应性强，抗病、抗逆性好的品种。该品种趋肥性、趋温性，以及分辨气味的敏锐程度均为各种蚯蚓之首。极喜在肥沃的高有机泥、厩肥、垃圾中生活，而且定居性及恋巢性极为稳定。该品种繁殖力为众蚓之冠，在一般条件下年繁殖率可达 1 000 倍，以质量计可 100 倍以上；在全方位优化条件下，年繁殖率为 2 000 倍以上，给人工大规模养殖奠定了极好的基础。该品种肉质肥厚，营养价值全面，是极为优良的动物饵料；同时也是提取蚓激酶等药剂的优良用材。

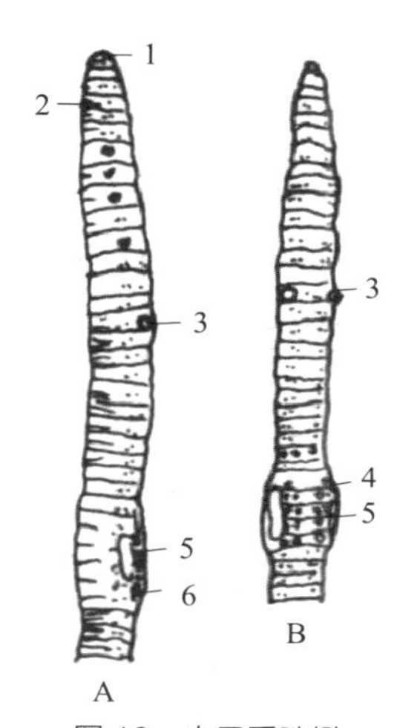

图 18　赤子爱胜蚓

A. 侧面观；B. 腹面观

1. 口前叶；2. 背孔位置；3. 雄孔；4. 生殖隆起；5. 性隆脊；6. 环带

（2）参环毛蚓 Pheretima aspergilum（E. Perrier）

目前世界上所发现的最大品种，主要分布于湖南、广东、广西、福建、贵州、四川等地。成蚓一般长 200~400 毫米、宽 8~12 毫米，紫灰色，向身后加深。

该品种个体大，目标显著，常被人误认为毒蛇，其常栖于隐蔽而安静的植被之下，且很难长期定居一处。同时也由于其个体大，皮肤耗氧量大，不善深居高塑性土层，常栖身于沙质含量较高的浅土层。该品种迁徙性强，采食范围广，摄取营养成分全面，历来是常用中药材“地龙”的取材上品之一，也是提取蚓激酶的主要原料。人工养殖时只宜采用中低密度、高阴湿环境进行。

（3）威廉环毛蚓 *Pheretima guillemi* Michaelsen

威廉环毛蚓属于巨蚓科，环毛蚓属，主要分布于湖北、江苏、浙江、安徽、北京、天津等地。该蚓体背面为青黄色或灰青色，背中线为深青色，俗称“青蚯蚓”。体长 96~150 毫米、宽 5~8 毫米，

有 88~156 个体节。环带位于第 14~16 体节上，呈戒指状，无刚毛，体表刚毛较细，前段腹面疏而不粗。

该种蚯蚓吞土量大，是一种土蚯蚓。喜欢生活在蔬菜地或饲料地里，喜欢吞食肥沃的土壤，野生习性较强。

（4）湖北环毛蚓 *Pheretima guillemi* Michaelsen

湖北环毛蚓属巨蚓科，环毛蚓属。体长 80~230 毫米、宽 5~8 毫米，体节 115~138 节，全身暗绿色，背中线酱绿色，正中有一红色背血管贯通全身，腹面青灰色。尾部体腔液呈宝蓝色荧光，阳光下呈美丽的蓝金丝绒光泽。环带 3 节，乳黄色或棕黄色。

该蚓适应性较强，具较高的繁殖能力，耐高温，耐粗食，滤食能力极强，是改造农田土壤、转化垃圾的高手。但由于其生理、生化作用周期短，运动较剧，体液代谢量大，废液耗氧严重，故不适于高密度养殖，但中等密度放养于堆肥、阴沟、秋后绿肥田中是很具实际效益的。用于人工养殖时，只要注意对高温的控制也是颇具效益的。

（5）红色爱胜蚓 *Eisenia rosea* Savigny

红色爱胜蚓属于正蚓科，爱胜蚓属。主要分布于华北、东北地区。该蚓体长 25~85 毫米、宽 3~5 毫米，有 120~150 个体节。除环带区稍扁外，身体呈圆柱形，无色素。体色呈玫瑰红色或淡灰色，经酒精浸泡后体色褪掉，呈白色。环带位于第 15~32 体节，性隆脊通常位于第 29~31 体节。刚毛紧密，对生。雄孔在第 15 体节。贮精囊 4 对，有短管，开口于第 9~10 体节和第 10~11 体节背中线附近（图 19）。

（6）红正蚓 *Lambricus rubellus* Hoffmeister

红正蚓属于正蚓科，正蚓属。该蚓身体呈圆柱形，有时后部背腹扁平。体色呈淡红褐色或紫红色，背部为红色。体长 50~150 毫米（一般体长在 60 毫米以上）、宽 4~6 毫米，有 70~120 个体节，背孔自第5~6体节间始。环带位于第26~32体节。性隆脊位于第28~31体节上。刚毛紧密，对生。雄孔在第15体节上，不明显，无腺乳突。贮精囊3对，分别在第9体节、第11体节和第12~13体节上（图20）。

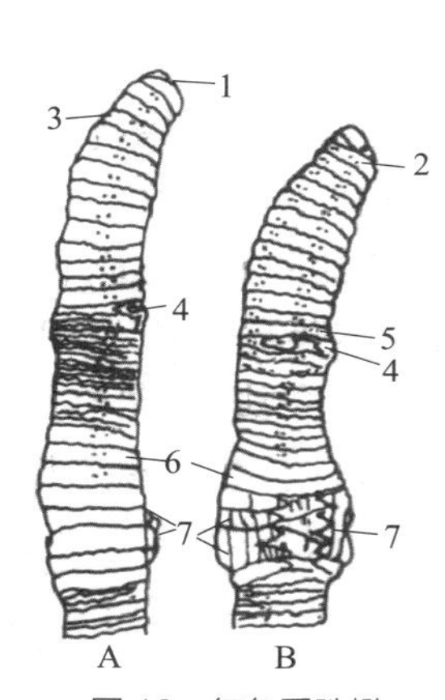

图19　红色爱胜蚓

A. 背侧面观；B. 腹侧面观

1. 口前叶；2. 围口节；3. 背孔始位；4. 雄孔；5. 生殖隆起；6. 环带；7. 性隆脊

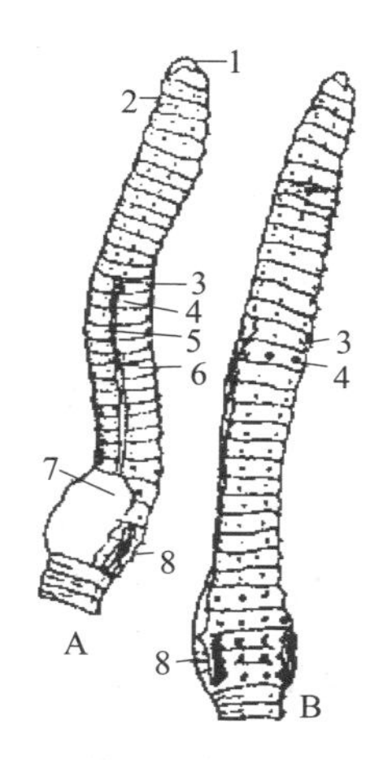

图20　红正蚓

A. 侧面观；B. 腹面观

1. 口前叶；2. 背孔始位；3. 生殖隆起；4. 雄孔；5. 肾孔；6. 性隆脊；7. 环带

（7）背暗异唇蚓 *Allolobophora trapezoids* Duges

背暗异唇蚓属于正蚓科，异唇蚓属。该蚓身体背腹末端扁平。体色多样，一般环带后到末端由浅到深，呈暗蓝色、褐色或淡褐色、微红褐色，但无紫色。体长80~140毫米、宽3~7毫米，有93~169个体节。背孔自第7~8体节间始。环带马鞍形，棕红色，位于第26~34体节。每节有刚毛4对，刚毛紧密，对生。雄孔1对，横列状，在第15体节。雌孔1对，在第14体节腹面外侧，受精囊孔2对，开口于第9~10体节或第10~11体节间（图21）。

（8）直隶环毛蚓 *Pheretima tschiliensis* Michaelsen

直隶环毛蚓属于巨蚓科，环毛蚓属，主要分布于天津、北京、浙江、江苏、安徽、江西、四川和台湾等地。该蚓背部呈深紫红色或紫红色。体长230~345毫米、宽7~12毫米，有75~129个体节。背孔自第12~13体节间始。环带位于第12~14体节，呈戒指状，无刚毛。体上刚毛一般中等大小，前腹面的稍粗，但不显著。雄孔在皮折之底中间突起上，该突起前后各有一较小的乳头。受精囊3对，在第11~13体节间，有一浅腔（图22）。

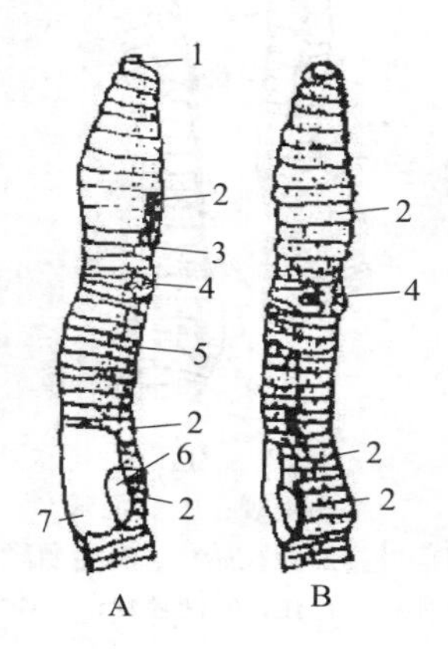

图21　背暗异唇蚓

A. 侧面观；B. 腹面观

1. 口前叶；2. 生殖隆起；3. 背孔始位；4. 雄孔；5. 输精沟；6. 性隆脊；7. 环带

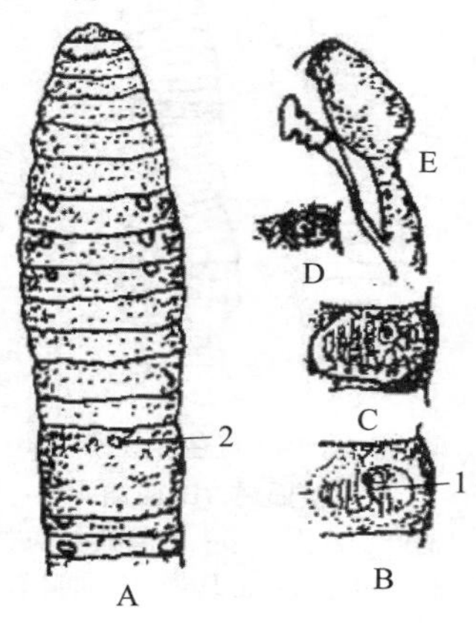

图22　直隶环毛蚓

A. 前段腹面观；B、C. 生殖孔附近观；D. 受精囊孔；E. 受精囊

1. 受精囊孔；2. 雌孔

（9）秉氏环毛蚓 *Pheretima carnosa* Goto et Hatai

秉氏环毛蚓属于巨蚓科，环毛蚓属，主要分布于江苏、浙江、安徽、山东、广东、四川、北京等地。该蚓背部呈深褐色或紫褐色，有时刚毛圈呈白色。体长150~340毫米、宽6~12毫米，有105~179个体节。背孔自第12~13体节间始。环带位于第13~16体节，呈戒指状，无刚毛。受精囊孔4对，在第5体节、第6~8体

节、第 9 体节间，紧贴孔突前面各有 1 对乳突，有时缺。

（10）微小双胸蚓 *Bimastus parvus* Eisen

微小双胸蚓属于正蚓科，双胸蚓属，主要分布于江苏、江西、四川、北京、吉林等地。该蚓身体背部为淡红色，腹部为浅黄色。体长 17~65 毫米、宽 1.5~3.0 毫米，有 65~97 个体节。背孔自第 5 ~ 6 体节间始。环带位于第 23 体节、第 25~26 体节、第 27 体节。刚毛紧密，对生，雄孔在第 15 体节，有稍高的小乳突，为淡黄褐色。无受精囊（图 23）。

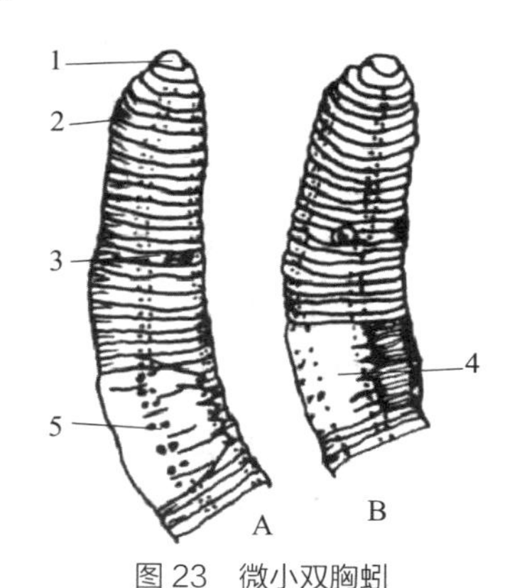

图 23 微小双胸蚓

A. 侧面观；B. 腹侧面观

1. 口前叶；2. 背孔始位；3. 雄孔；4. 环带；5. 刚毛

以上是几种可进行人工养殖的优良品种。各地可因地制宜进行综合选择，一般采取高密度养殖以选择爱胜属蚓为佳。

2. 蚓种的选择

常见蚯蚓种类繁多，不同种类的蚯蚓，对周围环境的选择和适宜的条件要求也不同，往往各有所长，要根据养殖目的和具体情况来选择蚓种。

（1）地区性选择

动物特性对自然环境的适应性变异和自然环境对动物特性的选留无时无刻不在发生。这种变异和选留因子不仅输入和加强了遗传基因，这种输入和加强可直接对生物细胞起作用，即生物细胞的本身就具有遗传特性，而不同的区域的动物遗传基因及其细胞特征是受到不同地域生态、微生态等诸因素制约和“编码”的。事实上，环境因素所造就的不同生态性特征在各种动物特征中表现得很充分。所以，不同的地域环境会造就不同特征的动物。尽管是同一品种的动物，其特性也会出现显著的优劣差异。所以地区性选择是很必要的。如浙江等沿海地区的“大平 2 号”蚯蚓远远比不上湖南、湖北等地的“大平 2 号”蚯蚓；内地的威廉环毛蚓又比不上江浙一带的威廉环毛蚓等。单从爱胜属蚓来分析，我国本土的赤子爱胜蚓就远不如日本的，而红色爱胜蚓又比日本的优良，比欧美地区的则更胜一筹。这说明地区性选择的必要性。不同种类的蚯蚓对环境条件，如土壤类型、有机质含量、pH、温度、湿度及通气状况要求不同，在选择蚯蚓种类时应根据当地的自然条件，因地制宜地进行选择。

（2）根据生产目的选择

环毛蚓、背暗异唇蚓、赤子爱胜蚓、红正蚓等，生长发育快，用途较大。特别是赤子爱胜蚓，不仅易饲养，繁殖能力强，而且蛋白质含量高，可作饲料原料。至于药用，长期以来，人们多用直隶环毛蚓、秉氏环毛蚓、参环毛蚓和背暗异唇蚓等。若要利用蚯蚓改良土壤，更应根据当地自然条件，因地制宜地选择蚓种。微小双胸蚓、爱胜双胸蚓等适于在 pH 3.7~4.7 的酸性土壤中生活，而且耐寒、喜水，因此可用来改良北方偏酸、含水量大、阴凉的泥炭沼泽地。背暗异唇蚓、威廉环毛蚓、微小双胸蚓和通俗环毛蚓喜水，适于在地下水位高或江、湖、水库、河沟等水边潮湿的土壤中生活。那些水位低的干旱地区，可以考虑饲养耐旱的杜拉蚓。在沙质土壤地区，可养殖喜欢沙居的湖北环毛蚓和双颐环毛蚓。

（3）品种性选择

目前，我国人工养殖的蚯蚓种类主要是赤子爱胜蚓和威廉环毛蚓。尤其是赤子爱胜蚓，虽然个体中等偏小，但生长期短，繁殖率高，食性广泛，便于管理，饲料利用率高，经济效益好，无论在室内室外均可人工养殖。威廉环毛蚓个体中等大小，分布广，生长发育较快，个体粗壮，抗病力强，适于在农用饲料地、果园等大田养殖，上种植物，下养蚯蚓，双层利用土地。属于爱胜属的品种有20多种，如“大平2号”“北星2号”“平星1号”等均属其改良品种。从日本引种的“大平2号”和“北星2号”经鉴定与我国的赤子爱胜蚓同属一种，为优良的养殖种；但因引进时间较长，而出现了近亲交配，后代衰退的现象，主要表现在生长发育缓慢，个体细小，产卵少，生活力低，生产力下降等方面，需进行提纯复壮。

3. 种蚓的来源及采集

蚯蚓虽然分布较广、种类很多，由于受地区、气候、土壤、水分、有机物质等条件影响，各地多少不一。引种前要注意三点：

①对供种单位或个人首先要有所了解，比如：供种单位的种蚓是否经过提纯复壮，品种是否退化，供种单位是否有过硬的高产养殖技术，是否提供优质的售后服务，供种单位的包装容器是否经得起长途运输，供种方是否有大型养殖场等。种蚓不能邮寄，但可以用火车托运。

②引种最好到有资质、信誉好的科研单位或大型养殖场购买，那些打着某研究所等幌子的皮包公司最好不要信任，千万不要贪一时便宜，以免得不偿失。

③人工养殖蚯蚓的蚓种，除了购买以外，也可根据蚯蚓的习性在野外采集。野外采集蚓种时间，在北方以6—9月为宜，南方地

区以 4—5 月为宜。野外采集野生蚓种要选择野生蚯蚓资源丰富的地方，如自留地、河塘边、无水田地里、田地基边、竹林、树荫下等。

采集的方法通常采用诱取、早取、水取、挖取等方法：

①诱取。把已经发酵腐熟的饲料堆放在要诱取蚯蚓的地方，堆高 30~40 厘米，宽 40~50 厘米，长度不限。一般 3~5 天后，就能够诱集到蚯蚓。如果饲料在发酵前加入 50% 左右的泥土混合发酵，诱取效果更好。

②早取。这是根据蚯蚓的活动规律而采取的一种捕拾方法，即在天快亮时，在蚯蚓出洞未归时，在表土中拾取。方式简单，收取量又多。

③水取。主要指春、夏季水稻田灌水之际，在夏季雷雨袭击下，蚯蚓逃逸时捕拾。但要注意及时将水取的蚯蚓分散放到干湿适度的土壤和饲料中，防止蚯蚓因分泌体腔黏液互相窒息而死。同时注意不能带入水蛭（蚂蟥）等天敌。

④挖取。选择田埂和蚓粪较多的潮湿地方，用三齿叉挖取，但这种方法效率低，且易伤害蚯蚓，应当尽量不用或少用。

由于自然条件对蚯蚓的品种特性有着持久、深刻而全面的影响，所以引种必须慎重。蚯蚓引种应注意以下问题：

①严格执行检疫制度。为了防止带进引入地原先没有的传染病，必须切实加强蚯蚓引种的检疫，严格施行隔离观察制度。

②加强饲养管理和适应性锻炼。引种后的第一年是关键的一年，为了避免不必要的损失，必须加强饲养管理，根据原来的饲养习惯，创造良好的饲养管理条件，选用适宜的饲料类型和饲养方法。在引种过程中，为防水土不服，应携带原产地饲料，供途中和初到新地区时饲喂。根据引入蚯蚓对环境的要求，采取必要的防寒或降温措施。积极预防地方性传染病和寄生虫病。在改善饲养管理

条件的同时，还应加强适应性锻炼，促使引入蚯蚓尽快适应引入地区的自然环境和饲养管理条件。

③采取必要的育种措施。对新环境的适应性不仅品种间存在差异，即使同一品种不同个体间也有不同。因此，应注意选择适应性强的个体留种，淘汰不适应个体。选配时应避免近亲交配，以防止生活力下降和退化。为了使引入品种更易于适应当地环境条件，也可考虑采用杂交的办法，使外来品种的血缘成分逐代增加，以缓和适应过程。在环境条件非常艰苦的地区，引入外地品种确有困难时，可通过引入品种与本地品种杂交的办法，培育适应当地条件的新品种。

种蚓运到后，要赶快放进已准备好的养殖箱内。

①如果引入的是成蚓或幼蚓，每个 60 厘米 ×40 厘米 ×25 厘米养殖箱内放 2 500~3 000 条，如果是冬、春季，箱的最底层先铺一层 3 厘米厚的腐烂草，再铺 10 厘米厚的发酵好的饲料，放入种蚓或幼蚓后浇上营养剂（0.5 千克大米加水 4 千克，煮成稀饭，加红砂糖 0.5 千克，冷却后加水 5 千克即成，可浇 30 箱），再盖上 10 厘米厚的饲料，再浇一层营养剂，在最上面盖一层 2 厘米厚的软草（只在冬季时，夏季不用）。

②如果引进的是蚓茧，先在养殖箱底铺一层 2 厘米厚的软草，再铺 5 厘米厚的饲料，放一层蚓茧，再放 5 厘米厚的饲料，再放一层蚓茧，如此 3~4 层，浇上少量营养剂，上面盖上草，保持料温 27℃，9~15 天即可孵出幼蚓，一个 60 厘米 ×40 厘米 ×25 厘米养殖箱内投放蚓茧 500~1 000 粒。

4. 种蚓的提纯复壮

蚯蚓是低等动物，遗传变异可塑性极大，在生产中极易退化，所以做好提纯复壮十分重要。传统的养殖方式往往是在池内投放种

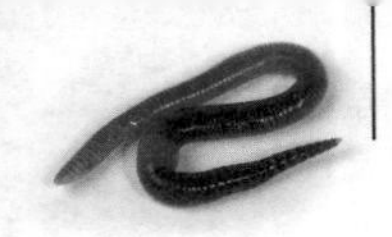

蚓，种蚓产出后代，后代长大后又产生后代。这种生产方式很容易造成祖孙同堂，引起蚯蚓近亲交配，从而导致蚯蚓品种退化。为了保持蚯蚓优良品种的高产、优质等性能，必须经常通过纯种选育对蚯蚓进行提纯复壮。一些人士认为，经常把蚓群中个体较大的蚯蚓选出作为种蚓，再让它们进行交配，繁殖后代，这种方法就叫作纯种选育或提纯复壮。实际上，传统养殖方法已使蚯蚓由于近亲交配而导致品种退化，就算再挑选出个体较大的蚯蚓作种蚓也意义不大了，这样做不但没有效果，而且很麻烦。

（1）提纯复壮的方法

蚯蚓的提纯复壮一般需要进行 3~5 代，严格地讲，以连续 5 代外繁殖为佳，其目的是尽可能淘汰掉家族性病态基因，使其保留家族优良品性，为杂交优化组合提供一个优良因子。适合人工养殖的蚯蚓品种有近 20 个，由于各个品种多方面的特性差异，例如所需的环境、营养、生殖能力和生殖器官的体位等不同，达不到提纯的目的，所以蚯蚓提纯复壮过程中各个品种是不能合二为一进行混养的。

种蚓的提纯复壮的具体方法是：将种蚓放进箱中产茧至 15 天（冬季 20 天），然后将种蚓与基料分开（茧在基料中），把 15 箱以上分出来蚓茧的基料搅拌，意在把同一条蚯蚓的蚓茧完全打散。这样，蚯蚓近亲交配的可能性就小了。提纯复壮的箱数越多，效果越好。最后把这些带蚓茧的混合基料移到孵化床上孵化，达到后代提纯的目的。蚓茧和基料堆成高 20~30 厘米、宽 60 厘米的小条，浇足一次水，保持料温 20~27℃，15~25 天全部孵化。孵化后每平方米的幼蚓密度较大，孵化后 10~15 天分散成 3 米^2，保持每平方米有 4 万 ~6 万条蚯蚓，添加一些新培养料，每 3 天用营养剂浇喂一次，10 天后再加一次新粪料，约 1 个月长成蚓，可以直接用或作种蚓。

接着把上面分选出来的种蚓混合在一起养3~5天，让它们在一个高密度环境里交配，再突然降低它们的密度，重新分配到养殖箱中，让它们在正常的密度里再次进行杂交，它们就会成倍地多产茧。这样就达到了提纯复壮和提高蚯蚓繁殖的目的，也保证了蚯蚓品种的优良性，并使蚯蚓品种不断地得到改良。实践中一般半个月后就需要进行一次提纯复壮。根据众多养殖户以往经验教训，低于30 000条种蚓的提纯复壮，一般都失败，1年左右品种严重退化。农村小型养殖户每次提纯复壮以5万条以上为好，实在太少，初次提纯复壮种蚓绝对不能低于3万条。

（2）提纯复壮蚯蚓的饲喂管理

经过反复提纯，蚯蚓在机体、生理及其机体生化作用和生理运动，乃至遗传基因方面均有一个大的飞跃。其代谢能力的增强、繁殖率的成倍提高足以说明这一问题，尤其是蚯蚓长势的提高更说明其代谢能力的增强。因此，加强与其基础代谢能力同步增长的饲喂管理是原种复壮生产的重要内容。

①加强管养。种蚓的培育关系到日后的生产繁殖种及商品繁殖种的品质，故在原种培育中全价配合饲料的高质量满足是蚯蚓养殖的主要环节，务必施行特殊的环节式封闭管理。

经过提纯复壮，随着蚯蚓增重优势率和繁殖优势率的大幅度提高，基础代谢能力必然大幅度提高。譬如同品种的蚯蚓非优化品每月仅产出2~3粒卵，优化品每2~3天即可产出1粒卵，其营养的需求量及其对饲料质量的要求是可想而知的。种蚓饲料一旦不足，就会导致蚯蚓营养性功能抑制，蚯蚓身体就会变小，直至萎缩衰退。而要再恢复，又需要时间和饲料，这样就很难保证有正常产量。所以，提纯复壮后种蚓的饲料营养品质也必须随之适当提高。种蚓的营养标准可完全按幼蚓的饲养标准进行。同时将动物性饲料按蚓龄的不同增加3%~5%饲喂量，饲喂次数也需有所增加。其原则是：

Ⅰ.直观饲料质量，以助配方的改进。在配制蚯蚓饲料时，由于原料经常有变，且其成分变化的幅度较大，故不易将营养标准掌握得很准确，但是种蚓的高品质要求不允许饲养标准上的过于模糊和粗放，不得不注入经验管理的成分，即以感官的判断助以饲料质量的改进。其主要判断因素有二：其一是以饲料消耗速度了解其适口性；其二是以蚓类排泄量的多少判断其饲料的转化率。以此明了饲养标准的合理性。Ⅱ.直观饲喂量，以助饲料系数的调整。由于种蚓代谢速度快必须不断地摄取营养，故要求吃完即喂，时刻满足其饲料量。但需采取“吃完即加，过时不剩”的原则，以便比较准确地掌握饲料的正常消耗，有助于最佳饲料系数的科学调整。

②微生态的平衡。种蚓生活力强，对载体微生态环境的平衡即缓冲能力要求极为严格。为此应满足种蚓进行适应微生态环境的驯化。这里所说的微生态作用包括两个方面，一方面是蚯蚓载体的微生物作用的良性平衡运动，另一方面是生物酶在蚯蚓体内所起到的促进作用。

在原种蚓的基料和饲料中定期拌入微量（0.01%~0.03%）乳酸杆菌、芽孢杆菌、纤维素分解酶可使基料发酵速度和不断分解的速度提高30%~40%，基料食用转化率提高18%，H_2S、NH_3等有害气体的产生量降低40%以上，氧气的交换速率大大提高，可基本解决载体内无氧、无活性微生物活动的问题。

动物消化道内存在着复杂的微生物区系。其中包括可促进饲料消化，提高其增重率的微生物；有抑制饲料转化，阻止其生长的微生物；还有致病作用的微生物。对于种蚓来说，消化系统中同样具有微生物区系平衡的问题。如果复杂的微生物区系的综合平衡丧失，蚯蚓的正常生长因素即被抑制和破坏。使用活性微生物添加剂，不但可使蚯蚓消化道的微生物区系的平衡得到保证，而且蚯蚓的抗病能力大增。其中芽孢杆菌是一种极好的微生物饲料添加剂，具有很高的蛋白质、脂肪酸和淀粉酶活性，对植物碳水化合物具有很强的降解能力。试验表明，该微生物可使原种蚓的增重率提高5%，非饲料性基料的食用转化率提高16%。与此同时，原种蚓消化系统的微生物区系的平衡模式得以遗传。其子代极为健壮，少有病害。在基料的处理中使用5406菌基本上有异曲同工的效用。在生产中使用上述活性生物添加剂，还有使老化载体复活的作用。

③加强蚯蚓机体活性。经过提纯的种蚓繁殖优势率虽然很高，但由于蚓茧的营养需求和内分泌往往不能完美地与其性功能优势同步，故常常出现间隔性大小蚓茧现象或间歇性产蚓茧情况。为解决这一问题，可在满足饲料营养及其种蚓生理功能高度平衡的前提下适当使用加强促卵添加剂。该添加剂配方如下：山楂20%、柏仁10%、淫羊藿10%、当归5%、益母草5%、香附5%。另加骨粉20%、蛤蚧粉15%、土霉素9%、复合维生素0.7%、赖氨酸0.2%、蛋氨酸0.1%。将以上中药捣碎加水煲成药汤，用0.5千克红砂糖稀释在50千克的水中，然后把另加的添加剂溶解在糖水中，接着把药汤倒入搅匀即可。按照每平方米喷洒1千克药的量，每周喷洒1次。该促卵添加剂的使用效果很好，它不同于雌雄促性剂具有单一性的弊端，对于雌雄同体蚯蚓的性功能无任何偏激性抑制。如果小规模养殖也可以到兽医店买兽用催卵素代替，但是效果一般。

5. 蚯蚓育种的方法

育种的方法有品种选育与纯种繁育。

（1）品种选育

品种选育一般是指在品种内通过选种、选配、品系繁育和改善培育条件等措施从而发展一个品种的优良特性，增加品种内优良个体的比重，克服该品种某些缺点，以达到保持品种纯度和提高品种质量的目的。一个品种能基本满足国民经济发展的需要，说明控制

优良性状的基因在该品种群体中有较高的频率。但是，如果不能开展经常性的选育工作，优良基因的出现频率就会因遗传漂变、突变和自然选择等作用而降低，甚至消失，从而导致品种的退化。通过品种选育，能够使优良基因的出现频率始终保持较高的水平，甚至得到进一步提高，从而使品种的优良特性得到保持和发展；可以保持和提高群体基因的纯合程度，从而为直接使用或培育新品种及杂种优势利用提供高质量的品种群。通过品种内的异质选配，能以优改劣，克服品种的某些缺点；若品种内的异质选配不奏效，还可以通过引入杂交来引进相应的优良基因，从而加快选育进程。育种实践证明，应用品种选育，不仅可以迅速提高地方品种的生产性能，而且还能使培育品种的性能继续得到提高。

①本地品种选育。本地品种又称地方品种，它们是特定的生态条件下经过长期辛勤培育而成的。它们都适应当地的自然条件和经济条件，但在一些经济性状上，除部分选育程度较高的品种外，大部分处于较低的水平，而且性能表现也不够一致。因此，本地品种选育在提高生产性能的同时，也应提高群体基因纯合度。

我国本地品种很多，其现状与特点各不相同，因而选育措施也不可能完全一样。目前在选育过程中，采取的基本措施如下：Ⅰ.动物品种的选育是集技术、组织管理为一体的系统工程，具有长期性、综合性和群众性的特点，因而必须加强领导和建立选育机构，组织品种调查，确定选育方向，拟定选育目标，制订选育计划，检查、指导整个选育工作，协调各有关单位的关系。Ⅱ.在品种主产区，应办好各种类型的繁殖场，建立完善的良种繁育体系。良种繁育体系一般由专业育种场、良种繁殖场和一般繁殖饲养场组成。专业育种场的主要任务是集中进行本品种选育工作，培育大量优良种，装备各地良种繁殖场，并指导群众开展育种工作。良种繁殖场主要职责是扩大繁育良种，供应一般繁殖饲养和专业户合格种用动物。Ⅲ.育种群亲本，都应按有关技术规定，及时、准确地做好性能测定工作，建立健全动物种的档案，并实行良种登记制度。定期公开出版良种登记簿，以推动品种选育工作。选择性状时，应针对每个品种的个体情况突出几个主要性状，以加大选择强度。在选配方面，可根据品种改良的不同要求采用不同的交配制度。为了建立品系和迅速提高纯度，在育种场的核心群可以采用适当程度的近交。但在良种繁殖场和一般饲养场之间，则应避免使用近交。Ⅳ.品系繁育是加快选育进展的有效方法，无论是地方品种还是育成品种的选育，都应积极开展品系繁育工作。在建立品系时，应根据品种和育种场的具体情况采用适宜的建系方法。Ⅴ.动物性状的表现是遗传与环境相互作用的结果。良种只有在适育的饲养管理条件下，才能发挥其高产性能。因此，在进行本品种选育时，应把饲料基地建设、全价配合饲料生产、改善饲养管理与进行合理培育等放在重要地位。Ⅵ.当采用上述常规选育措施仍无法获得明显效果，不能有效克服原品种的个别重大缺陷时，可以考虑引入杂种，适当导入外血。

②引入品种选育。Ⅰ.引种时的注意事项。由于自然条件对动物的品种特性有着持久、深刻而全面的影响，所以引种必须慎重。只有在认真研究引种的必要性后，方可确定引种与否。在确定需要引种后，为了保证引种成功，还必须注意以下几点：

A.引入品种必须有良好的经济价值和育种价值，必须符合国民经济发展需要和当地品种区域的要求，必须有良好的环境适应能力。一个品种的适应性强弱，大体可以从品种的选育历史、原产地条件和分布范围等方面做出判断。为了正确判断一个品种是否适宜引入，最可靠的办法是引入少量个体进行引种试验观察，经实践证明其经济价值和育种价值良好，又能适应当地自然条件和饲养管理条件后，再大量引种。B.引入个体必须是品种特征明显、健康、生

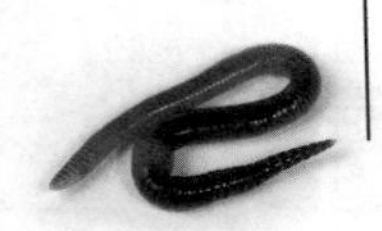

长发育正常、无有害基因和无遗传疾病的个体。C. 为了让引入动物在生活环境上的变化不过于剧烈，使有机体有逐步适应的过程，在引入动物调运时间上应注意与引入地季节气候差异。D. 为了防止带入引种地区原先没有的传染病，必须切实加强动物的检疫，严格实行隔离观察制度。E. 引种后的第一年是关键的一年，为了避免不必要的损失，应选用适宜的饲料类型和饲养方法。在迁运过程中，为防水土不服，应携带原产地饲料，供途中和初到新地区时饲喂。根据引入种蚓对环境的要求，采取必要的防寒或降温措施。积极预防地方传染病和寄生虫病。在改善饲养管理条件同时，还应加强适应性锻炼，促使引入种蚓尽快适应引入地区的自然环境与饲养管理条件。F. 采取必要的育种措施。

Ⅱ. 引种后动物的表现。由于自然环境条件、饲养管理条件的变化和选种方法或交配制度的改变，引入蚯蚓的品种特性总是或多或少发生一些变异。在风土驯化过程中，引入蚯蚓可能在体质外形和生产性能上发生某些变化，但适应性却显著提高，这就是适应性变异。适应性变异有利于风土驯化和引种的成功。引入的蚯蚓品种的品种特性发生不利的遗传性变异而导致品种退化，其主要特征是体质过度发育、生活力下降、发病率和死亡率增加、生产性能下降、繁殖力下降、性能不明显、畸形率增多等。应当指出的是，判断一个品种或种群是否发生退化，乍看似乎很简单，其实这是一个相当复杂的问题。因为品种特性和生活力的具体表现，不仅受遗传的制约，而且在不同程度上还受环境条件的影响。只有当一个品种发生了不利变异，即使消除了引起不利变异的环境因素，提供了合适的饲养管理和环境条件，其后代的品种特性和生活力仍不能恢复时，才能确认发生了品种退化。

Ⅲ. 引入品种选育的主要措施。根据上述特点和各地的经验，对引入品种的选育应采取以下措施：

A. 引入品种的种蚓应相对集中饲养，并建立以繁育该品种为主要任务的良种场，以利于展开选育工作。B. 对于引入品种的饲养管理，应采取慎重过渡的办法，使其逐步适应。要尽量创造有利于引入品种性能发展的饲养管理条件，实行科学饲养。同时还应加强其适应性锻炼，使之逐步适应当地的自然环境和饲养管理条件。C. 在集中饲养过程中要详细观察、记录，研究引入品种生长、繁殖、采食习性、生理反应等方面的各种特性，为饲养和繁殖提供必要的依据。经过一段时间的风土驯化，摸清了引入品种的特性后，才能逐步推广到生产单位进行饲养。D. 通过品系繁育改进引入品种的某些缺点，使之更符合当地要求；防止过度近交。E. 在开展引入品种的选育过程中，应该建立相应的选良协作机构、品种协会，加强组织领导和技术指导工作，及时交流经验，开展选育协作，促进选育工作的开展。

（2）纯种繁育

纯种繁育习惯上指在培育程度较高的品种内部进行的繁殖和选育，其主要目的是获得纯种，而品种选育的含义则较广，其不仅包括培育品种的纯种繁育，还包括地方品种的品群的改良提高，后者并不强调保纯，因而必要时还可采用某种程度的小规模杂交。品系繁育是指围绕品系而进行的一系列繁育工作，其内容包括品系的建立、品系的维持和品系的利用等。利用品系繁育可使原有品种在不断的分化建系和品系综合过程中得到改进和提高。利用品系繁育可使品系内保持一定程度的亲缘关系，使品种既保持了遗传的稳定性，又避免了近交衰退的危害。品系繁育不仅可用于纯种繁育，也可以用于杂交育种。

①品系繁育的步骤。Ⅰ. 建立基础群。建立基础群，一是按血缘关系组群，二是按性状组群。在遗传力低时宜采用按血缘关系组群法。按血缘关系组群时，需先分析蚯蚓系谱，查清蚯蚓后代的特

点，选留优秀种蚓后裔建立基础群，其后裔中不具备该品系特点的不应留在基础群内。蚯蚓的遗传力高时宜采用按性状分群。按性状组群是根据性状表现来建立基础群，这种方法不管血缘关系而按个体表现组群。Ⅱ. 建立品系。基础群建立之后，一般把基础群封闭起来，只在基础群内选择蚯蚓进行繁殖，每代都按品系特点进行选择，逐代把不合格的个体淘汰。尽量扩大最优秀亲本的利用率，质量较差的不配或少配。Ⅲ. 血液更新。血液更新是指把具有一致遗传性和生产性能，但来源不相接近的同品系的种蚓，引入另外一个蚯蚓群。血液更新在下列情况下进行：一是在一个蚓群中，由于蚯蚓的数量较少而存在近交产生不良后果时；二是新引进的品种改变环境后，生产性能降低时；三是蚯蚓群质量达到一定水平，生产性能及适应性等方面呈现停滞状态时。血液更新中，被引入的亲本应在体质、生产性能、适应性等方面没有缺点。

②品系繁育的注意事项。品系的繁育，既可在品种内部选育形成，也可通过杂交培育而成。无论通过何种途径和方法育成，品系都必须注意以下事项：Ⅰ. 突出的优点是品系存在的先决条件，它体现了品系存在的价值，同时也是区别不同品系的标志。Ⅱ. 品系应具有较高的遗传稳定性，尤其是能将自己突出的优点稳定地遗传下去，并在其他品种或品系杂交时能产生较好的杂种优势。Ⅲ. 品系应具备足够数量的个体，以保证其在自群繁育时不致被迫进行不适当的近交而导致品系的过早退化，甚至死亡。

四、场地选择与养殖方式

（一）人工养殖场地的选择

选择对蚯蚓不利影响小、适于蚯蚓的生长发育的养殖场址，能够使蚯蚓长势好、生长快，从而获得较好的经济效益。场址选择不当则可能导致在生产经营中得不到理想的经济效益。所以合理地选择场址是发展蚯蚓养殖生产的关键之一。在选择场址时不仅要考虑其占地面积、场内外环境、管理水平，还要考虑交通条件。

1. 环境要求

蚯蚓具有喜温、喜湿、喜透气、怕光、怕盐、怕震，昼伏夜出习性，为了适应蚯蚓的生活习性，养殖场地应选择自然环境安静、冬暖夏凉、背风向阳、通风、排水良好的地域。在空旷的地方建养殖场，必须尽可能地种植树木、瓜果等植物，以改善环境，有利于蚯蚓生活。养殖场周围环境及设备要适合蚯蚓生产，没有三废污染和病虫害危害，有利于蚯蚓的生长发育和繁殖。同时，要便于蚯蚓养殖场人员管理及相关物资进出，并充分考虑到扩大生产规模的需求。为减少对蚯蚓健康与生产性能的影响，工厂、铁路、公路干线等人类活动频繁、噪声嘈杂、震动大的地方不宜作为养殖场。另外，应特别注意从空间上避开蚯蚓的天敌，如蚂蚁、老鼠及蛇等。

2. 地形地势

地形地势是指场地形状和倾斜度。养殖场地应选择在地形整齐开阔，地势稍高、干燥、平坦、排水良好、背风向阳的地方。场地应排水良好，要能防水浸、雨淋，不宜选择低洼潮湿的地方。南方地区应充分考虑夏季防洪防涝、排除积水的问题。山区建场，宜选择在稍平缓的向阳坡地，切忌在山顶、坡底、风口、低洼潮湿之地建场。平原地区建场，应选在地势稍高的地方。

3. 土壤

场地的土质最好使用腐殖土，严禁使用黏土。土壤以呈中性或微酸、微碱性为宜。

4. 交通条件

选择交通方便的场址，便于购买、运输饲料，也不会妨碍蚯蚓及时出售，同时也会吸引更多的商家直接来场订购，使养殖场销路更广更稳定。因此，养殖场位置应选择交通便利、电力充足，距村庄、居民生活区 、屠宰场、牲畜市场、交通主干道较远的地方，位于住宅区下风方向和饮用水源的下游。出于养殖场的防疫需要和防止对周围环境的污染，养殖场不可太靠近主要交通干道。

5. 饲料供应充分，水源清洁，电力设施齐全

蚯蚓大规模养殖需要大量的饲料，蚯蚓生产性养殖的饲料必须是廉价的废弃物，最好是养殖专业户的畜禽粪等。饲养蚯蚓的场地一定要选择靠近水源、电力设施齐全的地方。

（二）养 殖 方 式

蚯蚓的人工养殖方式多种多样。常根据养殖场地、养殖容器、管理水平等的差异分成不同的方法，归纳起来可概括为简易养殖法、田间养殖法和工厂化养殖法三类。各地采用哪种方法要根据养殖目的和条件而定，规模可大可小，方法可土可洋，工艺可简可繁，总的原则是为蚯蚓提供适宜的生态条件，使蚯蚓能更好地生长发育和繁殖。现将较普遍采用的几种方法简介如下：

1. 简易养殖法

（1）箱、缸、筐、盆等容器养殖

如果因陋就简，可利用废旧的木箱、水缸、箩筐、盆等现有容器养殖蚯蚓；也可以就地取材利用木板、竹片、塑料板、陶土和金属等材料，专门制造养殖箱养殖蚯蚓。养殖箱的大小一般为 40~80 升，一般规格为高 20 厘米、长 30~50 厘米、宽 60 厘米。制作时在箱的底板和四周侧壁上钻些直径为 5~20 毫米的孔，以利于通气和排水。养殖时，先在箱内放入沃土和熟化基料的混合物，厚 15~17 厘米（应留有一定空间，不能堆满），然后放入种蚓。养殖箱可放在室外，也可放在庭院、房间、阳台、天棚或防空洞等地方。可以将许多养殖箱在室内作多层堆放（图 24），进行较大规模的养殖，也可以用几个养殖箱进行小规模的养殖试验。

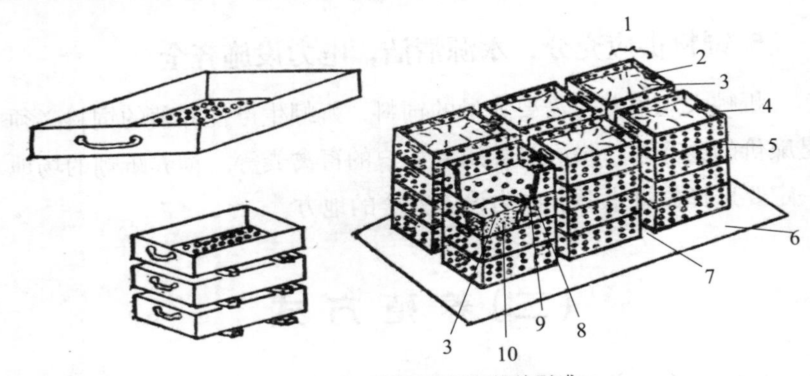

图 24　蚯蚓养殖箱及其堆放形式

1. 蚯蚓养殖箱；2. 手提孔；3. 塑料薄膜；4. 箱壁；5. 通气孔；6. 收集蚓粪的塑料薄膜；7. 间隔；8. 排水孔；9. 底板；10. 饲料

（2）土坑养殖法

在室外选择适宜地点，直接在地面上挖个深 45~60 厘米、宽 100 厘米、长度适宜（可根据实际情况而定）的土坑（或叫土沟），在其周围筑起高出地面 15~20 厘米土埂，以防止地面水流入（图 25）。再将坑底和四周坑壁打实后，即可放入沃土（占 40%）与熟化基料（占 60%）的混合物（也可分层堆放，高 20~30 厘米）和种蚓。上铺一层杂草后适当洒水，最后在杂草上再盖上塑料薄膜。

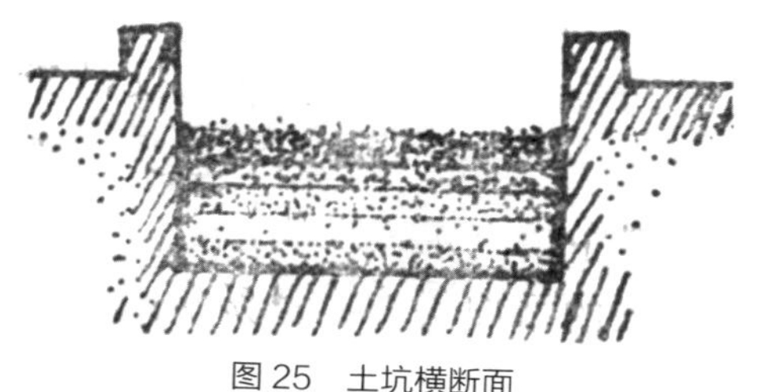

图 25　土坑横断面

（3）堆肥养殖法

此法在北方 4—10 月和南方全年均可进行养殖。通常把经过发酵腐熟的堆肥或生活垃圾等有机物堆成长 3~10 米、宽 1.0~1.5 米、高 0.66 米的粪堆，直接接入赤子爱胜蚓进行养殖。若养殖环毛蚓或异唇蚓，应将堆肥和肥沃土壤按 1∶1 的比例混匀，或肥与土分层相间堆积，每层 10 厘米。接入蚯蚓后，需用秸秆、干草或草帘遮光防雨，在南方还要注意在堆肥四周开排水沟，防止降雨浸泡。

（4）温床养殖法

结合冬季作物温床育苗进行蚯蚓养殖。选择避风向阳的地方建设温床，长度可根据当地的习惯，深 0.6~0.7 米，分层放入蚯蚓基料和肥土，每层基料厚 15 厘米，肥土厚 10 厘米，最上层为 15 厘米厚的肥土，接入种蚓在土壤上播种育苗，水肥管理和温湿度控制按育苗要求进行。

（5）围地养殖槽法

在室内或者室外的水泥地面上，或者在人防工事地道上，用砖石（不用砂浆）垒筑一个高 50~60 厘米、宽 100 厘米、长度适宜的养殖槽（图 26），砖石之间的自然孔隙，即为通气和排水的通路，

若能用多孔空心砖垒筑，通气性更好。在槽中放入沃土与熟化基料的混合物（高 20~30 厘米）和种蚓，再用杂草覆盖，适当淋水，最后用塑料薄膜或木板遮盖。若采用多条养殖槽并排在一起进行较大规模的养殖时，最好能搭建草棚遮盖，并在晚上设灯照明。

图 26　围地养殖槽

（6）半地下温室养殖法

本法的优点是可充分利用闲置的人防工程，不占用土地和其他设施，加之防空洞、山洞、窑洞内阴暗潮湿，温度和湿度变化较小，而且还易于保温，适宜蚯蚓养殖。但在这些设施内养殖蚯蚓必须配备照明设备。当然地坑、地窖、温室和培养菌菇房、养殖蜗牛房等设施同样也可以养殖蚯蚓，而且蚯蚓还可以与蜗牛一同饲养。半地下温室的建造，应选择背风、干燥的坡地，向地下挖深 1.5~1.6 米、长 10~20 米、宽 4.5 米的沟。为便于管理，中央预留 30~45 厘米宽的土埂作人行通道。温室的一侧高出地面 1 米，另一侧高出地面 30 厘米，形成一个斜面，其山墙可用砖砌或用泥土夯实，以便保暖，暴露的斜面用双层塑料薄膜覆盖，白天可采光吸热，晚上可用草帘覆盖保温。冬季天气寒冷，可在半地下室加炉生火，补充热量升温，但应注意炉子必须加通烟管道，以便排出有害烟气，室温一般可达 10℃以上，饲养床的床温可达 12~18℃。在晴朗的天气，室内温度可达 22℃以上。饲养床底可先铺一层 10~15 厘米厚的饲料，然后再铺一层同等厚度的土壤，这样一层一层交替铺垫，直至与地表相平为止。在床中央区域内可堆积马粪、锯末等发酵物。在温室两侧山墙处可开设通气孔。

（7）温棚养殖法

建设加温温棚或塑料薄膜温棚，在棚内挖坑、建池或堆肥，进行蚯蚓养殖。日本的塑料大棚，通常采用钢架拱形结构，跨度 6~8 米，长度 30 米，用有色无毒的塑料薄膜盖顶，棚内铺设水泥地面，两边各为 2 米宽的蚯蚓养殖区，中间为 2 米宽的通道，棚内有通气门窗调节温湿度（图 27）。熟化基料就地靠墙堆放成半拱形。冬天主要利用饲料发酵加温。生产中可将几个这种塑料大棚并排在一起，进行大规模养殖。

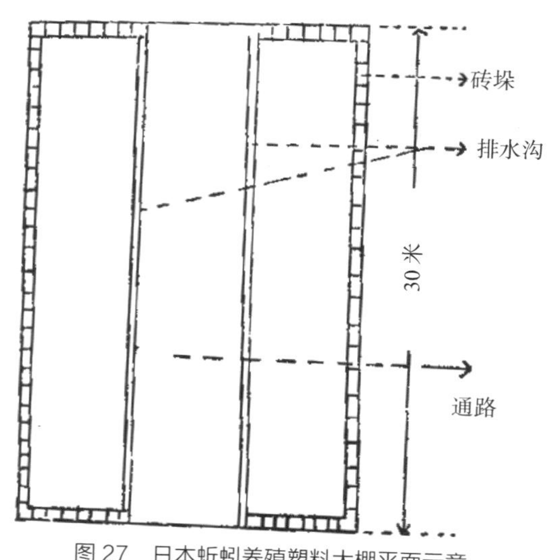

图 27　日本蚯蚓养殖塑料大棚平面示意

2. 田间养殖法

适于在菜园、饲料田及桑园、果园、苗圃等多年生经济林林田进行。选地势比较平坦的田块，沿植物行间间隔开沟槽，施入腐熟的有机肥料，上面用土覆盖 10 厘米左右，放入种蚓进行养殖，经

常注意灌溉或排水，保持土壤含水率在 60% 左右，冬天可在地面覆盖塑料薄膜保温。在这种条件下培育的蚯蚓比室内的身体粗壮，同时，由于蚯蚓的大量活动，土壤疏松多孔，通透性能好，可以实行免耕，是一种适于农村多种用途、生产成本低廉的简单养殖方法。但受自然条件影响较大，单位面积产量较低。

（1）菜园养殖法

蔬菜生产水肥条件较好，管理精细，也有利于蚯蚓的生长和繁殖。因此，在菜园养殖蚯蚓可以高效利用土地。整地时每亩施入 0.75 万 ~10 万千克的优质有机肥或腐熟的烂菜、垃圾等，待菜苗出土后投放种蚓即可。如果田间自然蚯蚓较多，通过减少化肥和农药的使用，不接入新的种蚓也可进行自然培育。

（2）饲料田养殖法

一些多年生饲料作物如聚合草等的利用期为 4~5 年，其生长期在 4—10 月，正好与蚯蚓的生长期和活动期一致。这些饲草生长旺盛，遮阴效果好，为蚯蚓提供阴暗、温暖的环境，枯枝落叶也是蚯蚓的好饲料。养殖时选择地势较平的田块，每隔 10 行开 1 条灌水和排水沟，在行间开挖宽、深各 15~20 厘米的沟槽，施入腐熟的有机肥，上面覆盖 10 厘米厚的土，接入环毛蚓进行养殖。注意经常灌溉或排水，使土壤含水率保持在 65% 左右，收割草时要隔行进行，田块实行免耕，定期采收即可。

江苏省创造出一种简单、经济、易行的饲料地块养殖蚯蚓的方法。这种方法是直接将种蚓放入能排能灌的饲料地里（如聚合草地、山芋苗地或桑田）养殖，适时补给蚯蚓饲料和淋水。补给饲料时，先在 2 行植株的中间挖 1 条深 15 厘米的小沟，放入蚯蚓饲料后覆土。在饲料地里大部分蚯蚓在作物根部周围 5~8 厘米处活动，既能为作物松土，又能以蚓粪给作物施肥。饲料作物不仅为蚯蚓遮光挡雨，而且能以枯枝落叶为蚯蚓补充饲料。因此，这是一种上种青饲料作物，下养蚯蚓，两者互相促进的立体生产方式，值得大力推广。

（3）经济林田养殖法

利用桑树行间养殖蚯蚓时，开挖宽40厘米、深20~25厘米的沟槽，施入初步腐熟的有机肥，如牛粪、马粪、猪粪或作物秸秆、杂草等培沤成的堆肥等，每亩（亩为废除单位，1亩＝1/15公顷≈666.67米^2）0.5万~0.75万千克，上面覆盖10~15厘米厚的土，接入种蚓，经常喷水保湿，雨季注意防涝，一般每亩桑田可年产环毛蚓20余万条，桑叶增产近1倍。其他果园、苗圃等经济林田的蚯蚓养殖可参照此方法进行。但柑橘、美洲松、松树、橡树、杉树、水杉、黑胡桃、桉树等树木的落叶不易腐烂，且叶片中多含有对蚯蚓有害的物质，其苗圃或林木中不宜放养蚯蚓。

3. 工厂化养殖法

工厂化养殖控温、控湿容易，可全年进行大规模生产。但要求有一定的专门场地和设施，包括基料处理场地、养殖车间、养殖床、孵化床、蚯蚓加工车间、蚓粪处理车间、产品包装车间、化验室、产品仓库等。在养殖车间集中进行工厂化养殖时，一般集约化管理程度较高，基本建设投资也较大，但单位面积产量较高。工厂化蚯蚓养殖场的结构，大体上有以下几种。

（1）多层台架法

将预制好的水泥板搁在用砖砌或用角钢做的台架上，作为蚯蚓养殖床。每层的距离50~60厘米，共3~4层。这种办法是多层养殖较常用的办法，造价不高，修建容易，但操作不方便，各层的宽度局限性较大，房屋的利用率也不太高。此种方法又可分为多层架床式养殖法和多层抽屉式养殖法。

多层架床式养殖法是在室内沿纵向墙壁建造多层架床，中间为走道，在养殖棚的顶部设有排气孔，底部设有进气孔（图28）。在

每层架床上铺上厚 20~30 厘米的熟化基料（不加泥土），然后放入种蚓进行养殖。

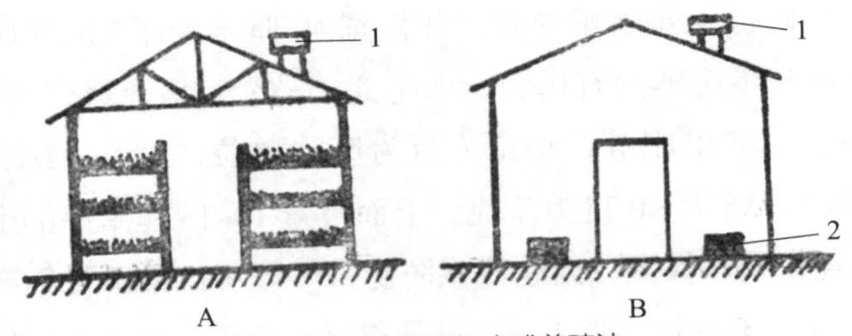

图 28　多层架床式养殖法

A. 剖面图；B. 外观图

1. 排气孔；2. 进气孔

多层抽屉式养殖法是用钢筋混凝土建造墙壁，作为承托养殖槽的永久性支架，每副支架配套一个养殖槽即为一层，形如多层抽屉。在棚的顶部设有洒水和换气装置，侧壁设有进气孔，底部设有排水孔（图 29）。养殖槽用金属网作底，槽的容积与养殖箱相似。养殖槽可从支架上拉进拉出。在每个养殖槽内部放入熟化基料和种蚓之后，即可分别推进支架养殖。

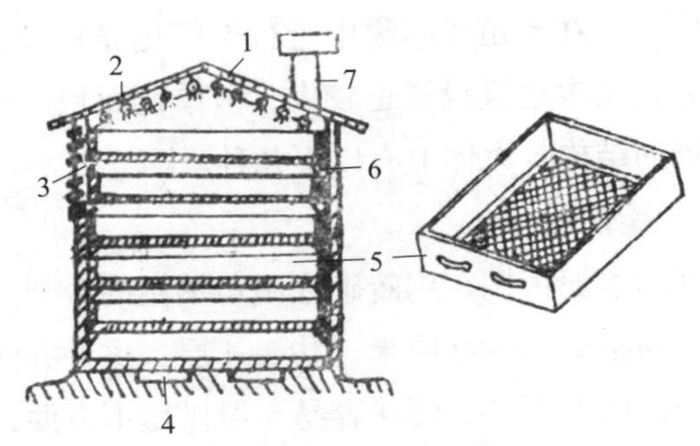

图 29　多层抽屉式养殖法及其养殖槽

1. 棚盖；2. 洒水装置；3. 通气孔；4. 排水孔；5. 养殖槽；6. 支架；7. 换气孔

（2）尼龙网床架法

把尼龙网做成箱式养殖床，固定在钢梁或木架上。这种方法能较好地改善通气条件，避免养殖床积水，清理粪料也比较容易。但床面的承受力有限，尼龙网也会阻碍蚯蚓到四周活动，四周的饲料容易风干而降低饲料的利用率。

（3）重叠式箱养法

利用钢架或水泥台作支架，在上面放置活动的养殖箱，也可不用支架直接将箱相互堆叠起来。箱有木制、竹编、柳编、塑料等多种，木箱和塑料箱要注意在箱底和箱侧留排水、通气兼用的孔。箱的规格也多种多样，最常见的是 80 厘米 ×50 厘米 ×20 厘米。箱中可一次投放基料 50 千克。一般每平方米投入幼蚓 10 000 条，养殖期间可不再投喂饲料和更换基料，经常洒水保湿。待采收时将箱中的蚯蚓和粪料一次性倾倒出来，分离蚯蚓和蚓粪，然后重新投料、投种养殖。

（4）百叶箱式养法

原理与重叠式箱养法相似。为提高空间利用率，用钢筋水泥制作多层养殖床，层间距 20 厘米，总高度 1.8~2.5 米。每层 2 列养殖床，长和宽以管理方便为宜，中间间隔 20~30 厘米作为贮料间。床面向两边倾斜，似百叶箱式结构，以便基料中多余的水分流出。养殖时先将基料投满贮料间，然后从上到下分级拨向各个斜向的养殖床，洒水后接入小蚯蚓。平常注意控温、控湿，待到饲料基本粪化、蚯蚓达到性成熟时，进行一次收集处理。此方法可以实现机械化加料、喷水、清除粪料等，适合于企业大规模生产。

（三）养殖容器的制作

1. 养殖池的建设

在室外进行大面积平面养殖时，最好建设规范的养殖池。为便于操作，养殖池宜建成长方形，一般长 2~3 米、宽 1 米、深 60~70

厘米，池壁用砖砌成，用水泥浆砌盖，为便于通气和排水，在池底须修建宽 15~20 厘米、深 15~30 厘米的排水通气沟，并成一定坡度（图 30）。使用时在沟上每间隔 50~60 厘米竖 1 个换气筒。建设地下池时，口沿要高出地面 10 厘米，以免雨水和杂物入池。建设地上池时，也可不装换气筒，而用 20 厘米 ×10 厘米 ×1 厘米的瓷砖，在四周池壁上砌成倒置的百叶窗。为便于管理，养殖池大小要一致，整齐排列，一般 5 个一组，作为一个生产单元。

2. 养殖床的建设

养殖床实际上是立体化的养殖池，建在室内、室外均可。室内固定养殖床不必考虑遮阳问题，室外养殖床要综合考虑遮阳、通风、排水等问题。室外养殖床通常有两个部分，上部为单向结构交叉排列，床面稍斜，顶部建有遮阳、挡雨的顶棚，棚下可安装电灯防止晚上蚯蚓外逃；下部建成养殖池状，池高 80 厘米，长和宽与上部养殖床一致，底部用砖砌高 20 厘米“井”字形的通风道，池壁上用瓷砖砌成倒置的百叶窗（图 31）。

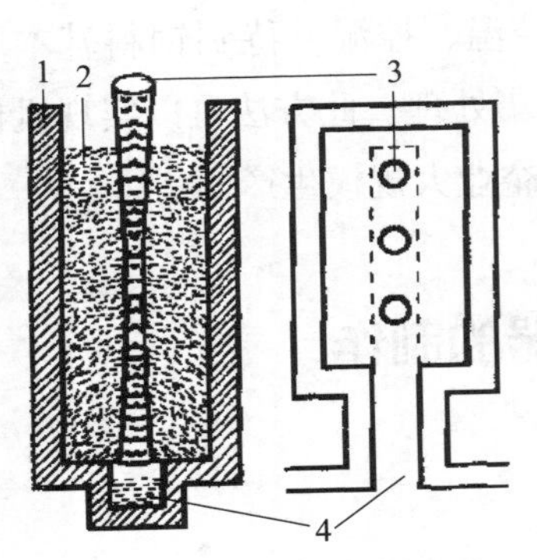

图 30　蚯蚓养殖池的基本结构

1. 池壁；2. 基料；3. 换气筒；4. 排水沟

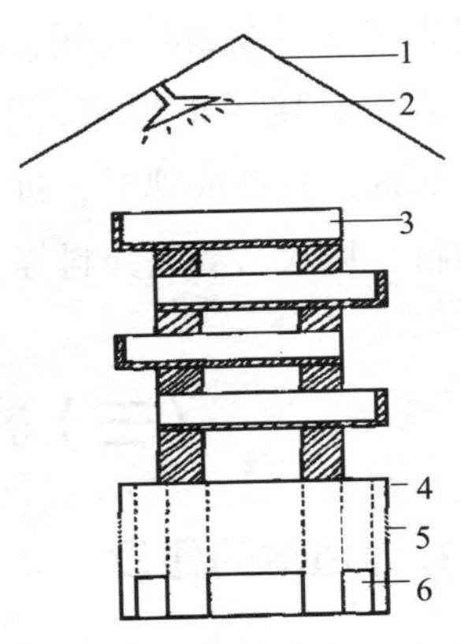

图 31　蚯蚓立体养殖床的基本结构

1. 遮阳棚；2. 电灯；3. 养殖床；4. 养殖池；5. 百叶窗；6. 排水沟

3. 养殖箱、盆、罐、缸、桶等的改造

养殖箱、盆、罐、缸、桶等养殖蚯蚓时，透气性较差，最好进行专门改造。通常在距容器底部10~15厘米处，间隔一定距离打1个孔径3~5厘米的通气排水孔，并用8~12目的纱网将孔挡住、在容器底部铺直径1厘米大小的鹅卵石，厚度以正好盖住通气排水孔为宜。然后在容器中间放上多孔的换气筒，再放入3~5厘米厚、直径0.5厘米的小鹅卵石将换气筒固定。换气筒可用竹片或塑料片编制，筛孔不要大于0.3厘米。最后在小鹅卵石上面覆盖8目的纱网，即可投料养殖蚯蚓（图32）。

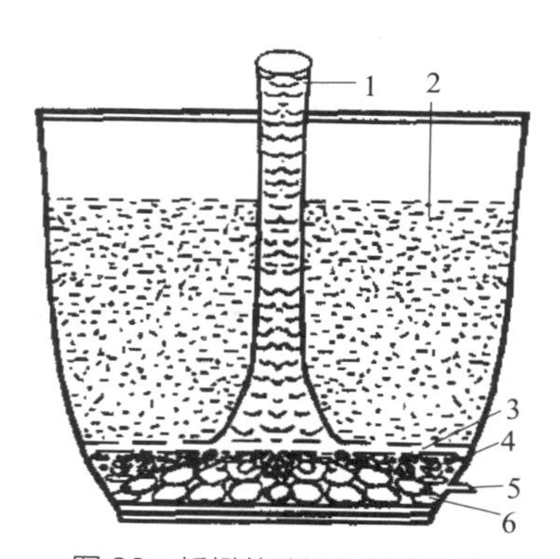

图32　蚯蚓养殖缸的基本结构

1. 换气筒；2. 基料；3. 纱网；4. 小鹅卵石；5. 通气排水孔；6. 大鹅卵石

（四）养殖用具

养殖蚯蚓的用具和物品，可根据养殖的规模、方法及现有条件，因地制宜购置。

耙主要用于翻捣饲养器，可用带5~6个齿的塑料或铁制品。长把耙可用于室外养殖场，短把耙用于室内。

锹用来撒料或拌料。锹板最好用木或塑料制成，板面与锹把呈30°~40° 角。

洒水器用于调料时洒水。洒水管粗细不限，但喷嘴的大小要以饲养容器的面积大小而定。换用新胶管时，管内壁必须要冲洗干净。此外，还应备用洒水壶或人工降水装置。

手提式丙烷或丁烷燃烧器主要用于杀灭蜈蚣、蚂蚁等其他对蚯蚓有害的生物。当揭开饲养器覆盖物后，蚯蚓见光便会深钻，这时可用燃烧器将昆虫或害虫烧死，效果较好。

饲养器覆盖物要求能透气、透水，且吸水性好，能经常保持饲养器的湿润。覆盖物一般可用废纸板、废席子、苇帘、草帘、稻草、破布等，使用之前，先冲洗干净，以免有害物质黏附，不利于蚯蚓生长繁殖。注意不能用易脱色的物质当覆盖物，以免染料对蚯蚓产生不良影响。

碳酸钙主要用于中性和酸性饲料，也可用贝壳粉或石灰粉，但切勿使用含磷酸成分的生石灰、熟石灰，否则对蚯蚓极其不利。

此外还应备有水桶、筛子、扫帚、簸箕、箱、筐、温度计、湿度计等工具。

五、基料与添加剂的配制

（一）食性与食量

蚯蚓是腐食性动物，也是杂食性动物，喜欢吃有甜味的食物，其次是酸味食物，咸味的尚可；厌食苦味的食物，不爱吃含单宁的、含酸或含碱较多的物质。如果遇上草木灰或石灰类的碱性物质的刺激，或受到未经完全发酵的蛋白质变酸产生的有毒气体的熏蒸，或受到工业废水和化学农药的污染时，蚯蚓很容易死亡。不同种的蚯蚓对各种食物的适口性和选食性是有所差异的。在自然界，蚯蚓特别喜食富含钙质的枯枝落叶等有机物。所以养殖时可适当加进烂水果、洗鱼水或鱼内脏等物，能增进蚯蚓的食欲和食量。据试验，把装有 4 种不同饲料的笼子埋入赤子爱胜蚓饲育床中，然后检测，计算进入饲料笼的蚯蚓数，结果表明，选食猪粪加木屑的蚯蚓最多（表 3）。

表 3　赤子爱胜蚓对不同饲料的喜食性

饲料	马粪 + 木屑	牛粪 + 木屑	猪粪 + 木屑	鸡粪 + 木屑
进入笼内蚯蚓数 / 条	141	99	170	126

不同种类的蚯蚓，其食量也有很大的差异。如背暗异唇蚓成蚓平均每条每年摄食（干重）为 20~24 克，长异唇蚓成蚓为 35~40 克，红正蚓成蚓为 16~20 克。通常性成熟的正蚓，每天的摄食量为自身体重的 10%~20%。又如性成熟的赤子爱胜蚓，每天的摄食量为自身体重的 29%。1 亿条性成熟的赤子爱胜蚓，每天的进食量为 40 吨左右，而排出的粪便为 10~20 吨。

另外，蚯蚓的进食量与其生长发育阶段、饲料的种类以及所处的环境条件有着密切的关系。食物供给不足会使蚯蚓间竞争激烈，特别是在较高密度养殖的情况下，个体间对食物的竞争加剧，往往导致生长发育缓慢、生殖力下降、病虫害蔓延、死亡率增加、蚯蚓逃逸。食物对蚯蚓的影响，不仅表现在食物的数量上，而且体现在食物的质量上。如以畜粪为食的蚯蚓，它们所生产蚓茧数，比以粗饲料（如野草）为食的同种蚯蚓要多十几倍到几百倍；以腐烂或者发过酵的，来自动物的有机物比植物性有机物的饲喂效果好；又如，饲喂含氮丰富的食物（如畜粪）比含氮少的食物（如秸秆）使蚯蚓生长繁殖得更好些。因此养殖蚯蚓时，只有合理配制饲料和科学地投喂，才能达到最佳的效果和较高的经济效益。

（二）饲料的消化与利用

蚯蚓有发达的消化系统和强大的消化能力，在消化管道中有大量帮助消化的共生微生物，使蚯蚓能将吃下的饲料充分消化和利用。蚯蚓的消化腺所分泌的消化液，包含有能分解淀粉、蛋白质、脂肪、纤维素、角质甚至矿物质的各种酶类。咽腺消化淀粉的作用比胃腺略强，而胃腺消化蛋白质的作用更强些。盲肠腺分泌物主要消化淀粉。盲肠前端的肠主要消化蛋白质，盲肠后端的肠以消化淀粉为主。在消化管道中，微生物因受消化分泌物的促进，在其中大量繁殖，数量猛增，它们又产生很多分解纤维素酶类，帮助蚯蚓消化。

蚯蚓口腔内虽无牙齿，但是内壁有角质层，对于鲜嫩、柔软的动植物组织，一般从边缘上咬食；对坚硬的树叶等食物，则先吐出消化液到食物表面，进行体外消化，使食物软化，然后咬食或吸吮柔软的组织；对于较小的食物，则吸吮吞入口腔。由于蚯蚓大都吃半腐败的植物，这些物质在半腐败的过程中产生了各种酸类，这些酸类就统称为腐殖质酸。富含腐殖质酸的食物进入口腔后，经咽、食道进入嗉囊，这时食物中混入了很多消化液，在嗉囊暂时贮存的

时间里，食物一方面被消化、分解，继续产生一些腐殖质酸；另一方面又被钙腺排出的碳酸钙中和，变成偏中性的物质。之后，食物进入砂囊，进行机械性的研磨，变成浆状食糜。流入小肠后，在这里完成了主要的消化、吸收过程，养料吸收进入血液后运送到身体各部位，进行新陈代谢，用于生长繁殖。未消化吸收的食物残渣在直肠形成蚓粪，从肛门排出体外。

（三）营养需要与饲养标准

1. 营养需要

和其他动物一样，蚯蚓具有摄食、消化、吸收营养物质和排泄废物，以及呼吸、体液循环、维持体温、机体运动等机能活动。在这些机能活动过程中，机体需不断地分解营养物质，以产生生命活动所需要的热能。各种饲料中的营养物质主要包括能量、蛋白质、脂肪、碳水化合物、维生素、矿物质和水等。这些营养物质对有机体的生长、发育、繁殖和恢复以及有机体对物质和能量的消耗，都是不可缺少的。其中，水是生命活动的基本要素；蛋白质、脂肪和碳水化合物是机体能量的来源；矿物质和维生素是维持生命所必需的物质。食物中这些物质是蚯蚓生长、发育和繁殖所需营养成分。蚯蚓正是靠不断地从吃进食物，从食物中补充营养；又不断地随着机体活动的需要将之分解供能，这样周而复始地进行着新陈代谢，维系机体的生命活动。提高蚯蚓的繁殖力和生产性能，也必须有足够的营养物质。蚯蚓所需要的营养物质，按其生理作用与功能，可分为三大类：一类是用来满足身体能量来源的有机物与无机物；另一类是用来调节生理功能的辅助物质或附加物质，一般来说没有营养价值；第三类是决定蚯蚓选择食物和刺激取食的激食物质。对蚯蚓生长发育和生命活动比较重要的营养物质有蛋白质、碳水化合物、脂类、维生素和无机盐。

（1）能量

能量是物质的一种形式。能量不能创造，也不能产生，只能从一种形式的能量转换成另一种形式的能量。能量在各种营养成分中是最重要的，各种营养成分的需要量都以能量为基础。蚯蚓的各种生命活动都需要能量，如维持生命供养系统的心与肌肉的活动、组织的更新、生长形成机体组织等，能量多余时则以脂肪的形式贮存于体内。能量是蚯蚓饲料营养成分中用需要量最多的营养成分。

（2）蛋白质

蛋白质是由氨基酸组成的一类数量庞大的有机物质的总称，是一切生命活动的物质基础。蛋白质是组成蚯蚓机体的主要成分，在其生命活动中起着决定性的作用。

蛋白质是蚯蚓身体的基本组成成分，又是蚯蚓生长发育和生殖所必需的营养物质。蛋白质是机体组织细胞的基本原料，蚯蚓机体的最小生命活动单位——细胞（包括细胞膜、细胞质和细胞核）及细胞间各种纤维的主要成分均为蛋白质。新陈代谢过程中一些起特殊作用的物质，如酶、激素、色素和抗体等也主要是由蛋白质构成。蚯蚓在生命活动过程中增长新的组织、补充旧组织、修复疾病性损伤等都需要蛋白质。蛋白质还可以替代碳水化合物和脂肪产热，充当能源物质，但糖和脂肪不能替代蛋白质的作用。试验结果说明，要保持 100 克鲜蚯蚓在 30 天之内不减体重，需要 1 000 克蛋白质含量为 3% 的基料。当机体缺乏蛋白质时，蚯蚓表现为生长缓慢、缺乏活力、抗病力降低，易发生感染而导致死亡等。成蚓则表现为产卵数低等。

蛋白质的化学成分、物理特性、形态、生物学功能等方面差异很大，但这些蛋白质都是由 20 多种不同的氨基酸分子构成的，所以说氨基酸是构成蛋白质的基本单位。蚯蚓只能将食物中蛋白质经消化作用分解成各种氨基酸后，再由细胞内的核糖核蛋白合成自身的蛋白质。氨基酸按动物的营养需要，通常可分为必需氨基酸和非必需氨基酸。所谓必需氨基酸指蚯蚓体（或其他脊椎动物）不能合成或合成速度不能满足机体需要，必须由食物蛋白供给的氨基酸，而对蚯蚓生长发育又必不可缺的。必需氨基酸约有 10 种：精氨酸、组氨酸、异亮氨酸、亮氨酸、赖氨酸、蛋氨酸、苯丙氨酸、苏氨酸、色氨酸和缬氨酸。非必需氨基酸则是指动物体内合成量多或需要量少，不经饲料供应也能满足正常需要的氨基酸。

（3）碳水化合物

碳水化合物是一类含碳、氢、氧三种元素的有机物，广泛存在于植物体中，主要包括糖、淀粉和粗纤维等。糖类主要供给蚯蚓生长、发育所需的能量，以及转化成贮存的脂肪，有些糖类则为激食剂。

（4）脂肪

脂肪是饲料中粗脂肪的主要成分。经化学方法分析，饲料中的粗脂肪除脂肪外，还有油和类脂化合物。脂肪是能量贮存的最好形式。脂肪是机体的重要组成成分之一，参与细胞构成和修复。脂肪是细胞膜的重要成分，缺乏时细胞膜的脂质双层结构会被破坏。同样，受损细胞的修复，细胞的增殖、分裂也需要脂类的参与才能顺利进行。脂肪作为有机溶剂，直接影响脂溶性维生素的吸收。此外，蚯蚓体内贮备的脂肪还具有防御寒冷，减缓震动和撞击的作用。

（5）维生素

维生素是蚯蚓维持生命、生长发育、正常生理机能和新陈代谢所必需的一类低分子化合物。维生素存在于各类饲料或食物中，但含量很少。维生素不能由动物合成或合成的数量不能满足动物所需，必须由饲料供给。它既不是能量的来源，也不是构成机体组织的主要物质，但维生素的作用具有高度的生物学特性，是正常组织发育以及健康生长、生产和维持所必需的。维生素多是辅酶或辅基的成分，参与蚯蚓体内的生物化学反应，如果缺乏某种维生素，会使某些酶失去活性，导致新陈代谢紊乱而生长发育不良，甚至表现为疾病。在饲料中维生素缺乏或吸收、利用维生素不当时，会导致特定缺乏症或综合征。

（6）矿物质

蚯蚓机体组织中几乎含有自然界存在的各种元素，而且与地球表层元素组成基本一致。在这些元素中，已发现有 20 种左右的元素是构成蚯蚓机体组织、维持生理功能、生化代谢所必需的。其中除碳、氢和氮主要以有机化合物形式存在外，其余的通称为矿物质（无机盐或灰分）。矿物质的主要功能有参加蚓体各种生化反应，调节血液及组织液的渗透压，保持离子平衡，保持一定的酸碱度以适应酶系统的活动和生理代谢的需要。为便于研究，将其中占蚯蚓体重 0.01% 以上的矿物质元素称为常量元素，蚯蚓体中含量占体重 0.01% 以下的元素称为微量元素。常量元素有钙、磷、钾、钠、氯、镁、硫等，微量元素有铁、硒、铜、锌、钴、锰和碘等。矿物质在蚯蚓体内多以无机盐的形式存在，是多种酶系统的重要催化剂，如果缺少某种矿物质元素或元素之间比例不均衡，有可能引起多种疾病。

（7）水

水是蚯蚓必不可少的物质，在蚯蚓的生命活动中具有非常重要的作用。水是蚯蚓机体的重要组成部分，机体的主要组成成分是水，机体各组织细胞内及细胞间都含有水分。水有调节渗透压和表

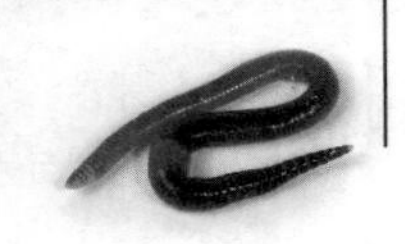

面张力的作用，可使细胞膨大、坚实，以维持组织、器官具有一定的形态、硬度及弹性，使蚯蚓机体维持正常形态。水是一种理想溶剂，机体的各种生物化学反应、机能的调节及整个代谢过程都需要水的参与才能正常进行。

2. 饲养标准

蚯蚓的生长繁殖需要多种营养物质，其主要营养指标是碳氮比（C/N），即饲料中所含碳元素和氮元素的比率。饲料中碳氮比过高或过低，均对蚯蚓的生长和繁殖不利。碳氮比过低，说明饲料中含氮过多，尤其是饲料中蛋白质含量过高时，由于蛋白质分解会产生恶臭气体和氨气，常常会影响蚯蚓的生长，甚至会引起蚯蚓蛋白质中毒病。碳氮比也不亦过高，否则，氮素营养不足，往往会使蚯蚓生长发育不良，影响蚯蚓的繁殖率。

蚯蚓养殖与其他动物养殖一样，要想达到增产、丰产的目的，必须对饲料进行科学配比。为了保证蚯蚓生长发育快、繁殖率高，氮素饲料和碳素饲料不宜单独使用，两类饲料要适当搭配，C/N 调整在 20 左右。目前人工养殖的“大平 2 号”和“北星 2 号”蚯蚓，对碳氮比的要求在 20~30。不同的饲料所含营养成分和碳氮比不同，不同种类的蚯蚓对饲料的取食和消化吸收也有差异。通常情况下，饲料的搭配原则是：碳氮比要合理，一般含氮素多的动物粪占 60%，含碳素多的植物占 40%，饲料品种尽量做到多样。

通常测定各种饲料的碳氮比，首先应分别分析各种饲料中的全碳和全氮，然后再求其比。如果分析手段不完备，也可采用换算的方法来计算。即根据各种饲料的一般营养成分中的粗蛋白质、粗脂肪和碳水化合物（即粗纤维和无氮浸出物之和）的含量，分别乘以全碳和全氮系数，再求其比值。饲料 C/N 的计算公式可以由下式表示，即：

$C/N=(MC_M+HC_H+CC_C)/M \cdot N_N$

式中的C代表碳，N代表氮，M代表粗蛋白质，C_M代表粗蛋白质全碳系数，H代表粗脂肪，C_H代表粗脂肪全碳系数，C_C代表碳水化合物全碳系数，N_N代表粗蛋白质的全氮系数。

根据上述公式便可计算出各种饲料的碳氮比。如在计算稻草、麦秸的碳氮比时在可查出稻草、麦秸的一般营养成分（表4）。并已知粗蛋白质的全氮系数N_N=0.16，粗蛋白质的全碳系数C_M=0.525，粗脂肪的全碳系数C_H=0.75，碳水化合物的全碳系数C_C=0.44。可将表4中的数字代入C/N计算公式，则可得：稻草碳氮比＝（0.041×0.525+0.013×0.75+0.658×0.44）/（0.041×0.16）＝48.6；麦秸碳氮比＝（0.027×0.525+0.011×0.75+0.729×0.44）/（0.027×0.16）=79.83。

表4　稻草、麦秸营养成分

%

饲料种类	粗蛋白质	粗脂肪	碳水化合物
稻草	0.041	0.013	0.658
麦秸	0.027	0.011	0.729

另外，周天元（2002年）在长期研究基础上，提出了蚯蚓无土养殖的饲料成分标准（表5），可供工厂化蚯蚓养殖时参考。

表5　蚯蚓的饲料成分标准

%

项目	幼蚓、种蚓	中蚓	成蚓
蛋白质	16	14	12
复合矿物添加剂	0.08	0.064	0.05
复合氨基酸	0.2	0.1	0
复合维生素	0.3	0.2	0.1

（四）常用基料原料

1. 常用原料类型及其特点

（1）粪肥类

这一类包括厩肥和垃圾。主要有牛、马、猪、羊、鸡、鸭、鹅、鸽等畜禽粪便和城镇垃圾及工厂排放出的废纸浆末、糟渣末、蔗渣等。其特点是蛋白质等营养成分较高，生物活性较强，容易被蚯蚓接受，也容易促进真菌的繁殖和有机物质的酶解，对满足蚯蚓的基础代谢具有很直接的作用，是基料中不可缺少的组合成分。此类原料特点和作用千差万别，不可等同看待。

①草食家畜粪便。牛、马、驴大型牲畜以草为主食，故其粪便纤维质多，易松、易爽、易透气，且肥而不腐，是上好的基料原料。但其蛋白质偏低，不可单独使用。

②杂食畜禽粪便。杂食性畜禽，如猪、鹅等，此类动物的粪便较大型草食家畜的粪便有很大的不同。其粪便中蛋白质含量较大型动物高，且脂性物质等营养成分也很高。如猪粪内的脂性物质含量高达5%。其特点是：纤维质含量低，未被机体利用的营养成分高，具有软而不松、黏而不爽、密不透气、肥而腐臭的特点。此类原料不宜直接用于养蚓，但可作为基料的组合成分和基料的性状调节剂。

③小型动物的粪便。小型动物是指猫、狗、鸡、鸽之类以精饲料为食的动物。这类动物的粪便中蛋白质含量特别高，几乎完全可被蚯蚓摄取为食，是成蚓的优质饲料。如鸡粪，由于禽类无咀嚼器官、消化道很短，其饲料都是全价高能量、高蛋白饲料，所排出粪便中还残留有大量营养物质，矿物质含量齐全，比例适中。这类原

料热能含量也较高，在应用上，一方面需要发酵作用给予释放，以保证在作为优质基础饲料配入时的基料温度的正常；另一方面可利用其高热能调节基料冬、春季的低温环境。这类原料在基料中占有很重要的位置。

④工厂下脚类。在传统的蚯蚓养殖中，工厂下脚类原料各地均有，甚至已给社会造成了严重的环境污染，是被忽视的基料原料。这类原料往往具有一般原料所不及的作用，其中不乏丰富的酶制剂、促生长剂和生菌剂，这些对于蚯蚓载体物质的平衡要求和蚯蚓的繁殖高产具有不可低估的作用。譬如，纸浆废浓液、各类酒糟及其糟液、酱菜废液、猪肠黏液、猪肠肚废物、食用菌生产废料等。这类下脚料均不同程度地含有胃蛋白酶、胰酶、乳糖等多种分解酶和促生长剂及嗜酸乳杆菌、粪链球菌、酵母菌等，对基料营养素的酶解、抗生素的繁衍、促进蚯蚓的生长均具有重要的作用。所以，是基料中的重要组成成分之一。

（2）植物类

植物类有阔叶树树皮及树叶、草本植物、禾本植物等，树皮、树叶中凡含有龙脑、坎烯、桂皮酸、香精油、松节油、生物碱、岩藻糖、萘酚、苦木素等强刺激性物质的种类不宜采用，如松、柏、杉、樟、枫、梓、楝等。草本、禾本类中凡含有蓼酸、氧茚、甲氧基蒽醌、大蒜素、普罗托品、白屈菜素、类白屈菜碱、血根碱、龙葵碱、莨菪碱、鱼藤酮、氨茶碱、毒毛苷、藜芦碱、乌头碱、凝血蛋白、士的宁、钩吻碱、烟碱等毒性物质和生物碱的均不可采用，如博落回、番茄叶、颠茄、曼陀罗、毛茛、茶饼、一枝蒿、烟叶、艾蒿、苍耳、猫耳草、水菖蒲等。选用时可根据各地经验和借助于嗅觉等感观加以辨别。实际上，农村的大宗植物废料很多，如大豆、豌豆、花生、油菜、高粱、玉米、小麦、水稻等农作物茎叶。在山区，腐树皮、树叶是取之不尽的原料。有些沼泽地带，水生植物很

丰富，其中不乏蛋白质含量很高的种类，也是作基料的上好原料。（表6、表7）

表6　常用原料碳氮比（C/N）（近似值）

饲料种类	碳素占原料质量 /%	氮素占原料质量 /%	C/N	腐熟产热事件 / 天
干麦草	46.5	0.52	88	93
干稻草	42	0.63	67.1	80
玉米秸	43.3	1.67	20	75
落叶	41	1.00	41	65
大豆叶	41	30	32	60
野草	14	1.65	27	72
花生茎叶	11	0.59	19	78
鲜羊粪	16	0.55	29	75
鲜牛粪	7.3	0.92	25	84
鲜马粪	10	0.24	24	90
猪粪	7.8	0.60	13	60
人粪	2.5	0.85	2.9	30
纺织屑	54.2	2.32	23.3	110
山芋藤	29.5	1.18	25	80

表7　常用原料营养成分　%

饲料种类	水分	粗蛋白质	粗脂肪	粗纤维	无氮浸出物	粗灰分	钙	磷
猪粪（干）	8.0	8.8	8.6	28.6	—	43.8	—	—
马粪（干）	10.9	3.5	2.3	26.5	43.3	13.5	—	—
牛粪（干）	13.9	8.2	1.0	57.1	13.8	6.0	—	—
羊粪（干）	59.5	2.1	2.0	12.6	19.3	4.5	—	—
乳牛粪（干）	5.9	11.9	4.7	18.4	32.9	26.2	—	—
蚕粪（干）	7.0	15.0	5.0	11.8	48.4	11.8	0.19	0.93

（续表）

饲料种类	水分	粗蛋白质	粗脂肪	粗纤维	无氮浸出物	粗灰分	钙	磷
槽渣（鲜）	64.6	10.0	10.4	3.8	6.6	4.6	—	—
麻将渣（干）	9.8	39.2	5.4	9.8	17.0	18.8	—	—
磨油下脚（鲜）	57.17	15.9	2.5	4.3	7.2	3.7	0.55	0.52
豆腐渣（干）	8.5	25.6	13.7	16.3	32.0	3.05	0.52	0.33
草炭（干）	9.4	18.0	1.6	9.4	43.3	18.3	—	—
木屑（干）	11.9	1.0	1.5	49.7	30.9	5.0	0.09	0.02
稻壳（干）	6.6	2.7	0.4	39.0	27.0	23.8	—	—
稻草（干）	18.1	5.2	0.9	24.8	37.4	13.21	0.25	0.09
麦秸（干）	10.2	2.7	5.0	30.7	46.0	5.4	—	—
榆树叶（干）	4.8	28.0	2.3	11.6	43.3	10.0	—	—
家杨叶（干）	8.5	25.1	2.9	19.3	33.0	11.2	—	—
紫穗槐（鲜）	75.7	9.1	4.3	5.4	2.7	2.8	—	—
杨槐叶（干）	5.2	23.0	3.4	11.8	49.2	7.4	—	—
野草（干）	7.4	11.0	4.0	28.5	41.2	7.9	—	—
桑叶（干）	—	4.0	3.7	6.5	9.3	4.8	0.65	0.85
豆饼	—	42.2	4.2	5.7	4.56	5.5	0.029	0.33
棉籽饼	—	28.2	4.4	11.4	33.4	6.5	0.60	0.60
菜籽饼	—	31.2	8.0	9.8	18.1	10.5	0.27	1.08
紫花苜蓿	—	4.7	0.96	4.9	7.9	2.3	—	—
聚合草	—	7.9	0.6	1.8	4.9	2.2	0.16	0.12
根达菜	—	1.2	0.2	0.7	1.9	1.1	—	—
水葫芦	—	1.6	0.2	0.9	2.9	0.5	0.04	0.02
水浮莲	—	1.3	0.2	0.5	2.8	0.4	0.03	0.01
水花生	—	1.3	0.13	1.0	2.9	0.5	—	—
胡萝卜叶	—	4.29	0.80	2.92	13.11	3.10	—	—

（续表）

饲料种类	水分	粗蛋白质	粗脂肪	粗纤维	无氮浸出物	粗灰分	钙	磷
胡萝卜	—	1.74	0.09	1.08	3.35	0.62	0.01	0.04
萝卜缨	—	2.4	0.4	0.2	—	—	—	—
小白菜	—	1.1	0.11	0.4	1.6	0.8	0.09	0.03
青贮白菜	—	2.0	0.2	2.3	3.5	2.9	0.3	0.03
青贮甜菜	—	1.32	0.45	3.22	5.11	7.42	—	—
青贮圆白菜	—	1.1	0.3	0.8	3.4	10.60	—	—
饲用甜菜	—	1.0	0.1	0.6	1.6	1.0	—	—

2. 原料的处理

（1）原料的保管

原料的堆放是蚯蚓基料原料处理的重要生产环节，应具有严格的生产程序性。

①原料进场时的质量检验标准。干植物类原料中沙、土混杂物的含量应少于 0.3%；粪肥类和下脚料中的沙、土混杂量少于 5%。垃圾中的无机类混杂物、人工合成有机类物质和不可加工的植物有机体不允许存在。同类原料干湿均匀，干料含水量不超过 12%，湿料不超过 25%。

②原料的堆放。除了对其进行质量检验外，还应具有一定的数量上的限制，以达到供有余、余不过的良性运转。否则，将造成生产中非正常运转或污染环境的恶果。由于未经加工处理的原料具有污染环境的潜在危险，故不能一次性入库储存；务必先入外仓等待净化处理。场内的各类原料入仓时，应严格地做到分类存放，并撒上生石灰及灭蝇药之后用塑料膜罩严，以待处理。进出原料的外仓、内仓，要求无臭、无蝇、无污水溢流。进出料后应及时打扫消毒，做到脏物不脏地。

（2）原料的加工

①干料。所谓干料是指干植物茎叶、较干的垃圾（干的厩肥不属此列）。干料的加工可以用铡刀和粉碎机进行加工。要求半成品粒度可全部通过4目筛为宜；但其中18目筛下的粉料不得超过20%。否则，将有碍于基料的透气性。但垃圾需高碱浸泡消毒后加工。

②大型家畜厩肥。这类厩肥的加工主要是晾晒，当含水量降到20%以下时，可进行过筛。过筛时可用2目的大孔筛。筛上余料过多的杂草可晒干后归入干料类进行加工。

③中型杂食动物厩肥。这类厩肥的加工除了晾晒和过筛之外，还须消毒中和。其方法是：将新鲜的生石灰细粉，约按厩肥质量的1%均匀地撒于水泥晒场，然后铺上厩肥，再撒少量生石灰粉于厩肥之上。如此处理之后，晒场苍蝇基本可绝迹。生石灰的用量以使厩肥酸碱度呈现中性即可。晾晒时须经常翻动，以使之均匀松散，然后过2目筛。如果晒场苍蝇仍然很多，可向厩肥及周围环境喷洒氯氰菊酯类药液以消灭蝇虫。

④小型动物粪便的加工。此类粪便臭味浓，易生蛆，故加工要及时，最好是集中在烈日下暴晒致干。在无烈日的情况下，可暂时将其装入可密封的塑料袋或密封仓内直接发酵。如果粪便含水量过高，一时又无法晒干，可拌入一定量的干锯末，拌入量以达到便于装运即可。

（3）原料的储存

专业养蚓场的基料原料必须进入全面质量管理的封闭之内，原料储存的库区最忌积水，故要求库区地势高，干爽阴凉，排水通畅方便。贮存原料的库区要求做到库室整洁有序，库区无异味，无蚊蝇，无垃圾。库内、库外每天打扫干净，并且定期消毒，以符合环卫标准。

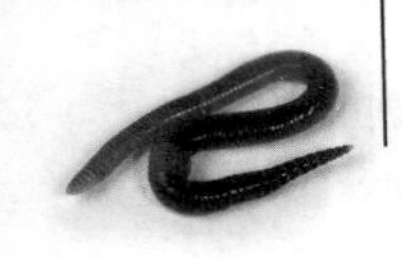

①植物茎叶类原料。这类原料一般储存于敞篷式库室内。原料入库时，将库内地面铺上一层生石灰粉，并将四壁喷上长效灭虫王；同时，将直径约 20 厘米的竹编换气筒树立于石灰粉的地面上，约 4 米 ^{2} 一个，然后倾料入库，进行干料保管。

②生活垃圾。生活垃圾由于涉及面广且复杂，病毒病菌难免集中繁殖，务必进行特别净化处理，不宜事先加工。处理方法是：将精选的垃圾浸入高碱池浸泡 24 小时后，冲洗晒干，再粉碎入库。高碱池中的碱液要求 pH 12 以上，其配法是将 5 份生石灰加 1 份烧碱混匀后配成 5% 的水溶液即可。

③大型牲畜厩肥。这类原料一般无臭味，且松散透气，但易藏霉虫等甲壳类昆虫，故库室内必须进行相应的处理。处理方法如下：在储存库室内除留出走道之外，存料地段砌出数排留有间隙的砖脚，砖脚最好以单砖偏立砌筑一层。砖脚上铺上一层中、小型竹竿以作料床。要求床下通风，便于清扫，施药。原料入库之前，将所有库室内壁、料床上下喷上长效灭虫王。然后将原料上床堆放；每堆放 30 厘米高，撒上一层廉价的长效病虫净粉剂，然后以病虫净封顶即可。如有虫、菌发生，可在床下以硫黄熏杀，每周一次。

④中型动物厩肥。该厩肥原料需放入可密封的砖池中进行保存。原料的入池方法可按照大型牲畜厩肥原料一样边入池边铺洒病虫净。最后以塑料薄膜罩面密闭。必要时，可安装一台 15~50 瓦的电子灭菌器于池内上部进行定期开机消毒除臭。

⑤小型动物粪便。此类原料臭味很浓，须干燥保存。必要时可拌入适量除臭剂入库，或者按中型动物厩肥原料入库方法封闭保存。

⑥糊状及液态下脚料。有关食品工业和纸厂的下脚废料多为糊状和液态状。对其储存的方法主要是以不污染环境和不过分腐败为准则。糊状下脚料若含水率较低，可按照小型动物粪便加混合粉的处理方法进行。如果含水率很高时，其处理方法有二：其一，可直

接以水分配入发酵池内的组合基料中；其二，多余的部分可加入少许明矾或纯碱进行沉淀后留取浓液混入苯甲酸 2% 进行防霉防腐储存。

（五）基料的配制

1. 原料选择

基料原料的选择可从三个方面综合决策，即：实用性、生产成本、环保效益。从实用性考虑，几乎所有的无毒阔叶树叶、草本植物、禾本植物等废料和畜禽粪便均可被选用。同时城市垃圾中的有机成分也是极好的可用之材。选用原则有三：即廉、简、废。廉，指价廉，无须花费较大的人力、物力、财力即可取得。在环境意识比较淡薄的农村，这一点很容易做到，但常常被人们忽略。简，指取料简便，加工简便，用后处理简便。譬如，使用大量的回头青、蔓藤草可参与基料养蚓，虽然简便可行，但使用后的残料就较难处理，因为这类残料中存在大量的种茎和草籽，不可作为优质肥用于农田。所以在选用时应周密考虑。废，指垃圾、工厂废料、屠宰场下脚料等有机成分。如纸屑、蔗渣、花生壳、阔叶植物、锯末、废纸浆、糟液、糖渣等。

2. 基料的调制发酵

蚯蚓对饲料的要求比较粗放，但在集约化大规模生产中，为了取得更好的养殖效益，饲料必须进行调制。如果投放未经发酵腐熟的饲料来养殖蚯蚓，蚯蚓不但拒食，而且未经发酵的饲料会因时间的推移而发酵，由此而产生高温（60~80℃）和释放出大量有害的气体，如氨气、甲烷等，会引起蚯蚓大量死亡。畜禽粪便，如鸡粪、兔粪等，由于含有大量的蛋白质和氮，其情况尤为严重。饲料经过发酵腐熟，具有细、软、烂、营养丰富、易于消化吸收、适口性好等特点。调制时，搞好发酵，是人工养殖蚯蚓的关键。

（1）发酵前的加工

蚯蚓的饲料，一般可分为基础饲料和添加饲料两种。前一种是蚯蚓必需的，是长期栖息和取食的基本饲料；后一种是蚯蚓补充基础饲料消耗的饲料，是在养殖蚯蚓时经常向养殖箱（床）内投放、补充的饲料。不过无论是基础饲料，还是添加饲料，在堆制发酵前，必须首先进行加工。所用畜禽粪便如牛粪、猪粪要经过捣碎处理；所用的植物类饲料如杂草、树叶、稻草、麦秸、玉米秸等要铡切，粉碎成1厘米左右；蔬菜和瓜果要切剁成小块，以利于发酵腐熟和蚯蚓吞食。必要时，还要进行筛选除杂，尤其是生活垃圾，必须进行筛选，剔除其中的碎石、瓦砾、金属、玻璃、塑料等无机物和对蚯蚓有毒、有害的物质。

（2）堆沤发酵饲料的条件

养殖蚯蚓的饲料发酵方法较多，一般多采取堆沤的方法。这种堆沤的方法简便易行，而且可大规模进行。但在饲料堆沤时必须具备以下条件：

①温度。温度对发酵原料堆的分解有重要影响，饲料堆内的温度过高或过低均对饲料堆的分解发酵不利。一般微生物生活的适宜温度在15~37℃，而好气性细菌生活的适宜温度为22~28℃，兼气性细菌生活的适宜温度在37℃左右，通常在堆沤饲料中耐热细菌生活的适宜温度为50~65℃。因此在严寒的冬季堆沤饲料时应考虑饲料堆的大小和形态，如果饲料堆太薄或太小，则难以保温，难以使饲料充分分解发酵和腐熟。

②原料含水量。水分过多或过少均会影响饲料分解发酵的速度，潮湿的环境适于微生物的活动和繁殖。原料堆里含水量在

80%~95% 时，有利于兼氧性微生物的生长和繁殖，而不利于真菌和放线菌的生长和繁殖；含水量在 50%~75% 时，适宜于真菌和好气性纤维分解菌的活动和繁殖；含水量较低时有利于分解木质素的真菌活动；饲料堆内的水分为 10% 时，分解作用即停止。生产中，速成堆沤的饲料堆发酵最适含水量为 60%~80%，在配制时可以手握饲料，其水分可点滴流下，或以木棍插入饲料堆内，棍端湿润为宜。当饲料堆沤发酵腐熟完成后，通常需补充水分，以防止饲料堆干燥而引起硝化作用，生成氨气而挥发掉。但是腐熟后的饲料补充水分不能过多，以免饲料堆的氮素流失，影响饲料的营养价值。

③pH。微生物对 pH 反应十分敏感，过酸或过碱均对饲料分解发酵不利。纤维素分解菌、放线菌等偏喜微碱或碱性环境，氢离子浓度为 10~100 纳摩尔 / 升（pH 7~8）；然而真菌对酸碱度的适应性极强，即氢离子浓度为 100~1 000 微摩尔 / 升（pH 3~4）时仍能生活繁殖。当细菌和放线菌不能活动时，通常真菌来分解有机物。过酸可添加适量石灰，过碱可采用水淋洗。

④营养。在堆沤发酵饲料时，要考虑到分解发酵的微生物所需的营养物质。一般在混合饲料中，碳素及矿物质等营养成分均有足够的含量，对于微生物来说常缺乏氮素，因此要在饲料中添加 0.3% 左右的氮素，如尿素、硫酸铵等。在饲料堆中添加硫酸铵时，应加等量的石灰，以有利于微生物的生活环境，中和因有机物分解而产生的各种有机酸。尿素产生的酸性极其微弱，几乎对酸度无影响。因此，添加尿素，无须另外添加别的物质。硝酸盐的还原作用往往会损失掉许多氮素，不适宜作为氮源来添加。

⑤通气。因为饲料中有机物质的分解发酵主要依靠好气性细菌，良好的通气环境使得氧气供应充足，可促进好气性微生物的生长繁殖，从而大大加快饲料的分解和腐败。所以，在速成堆沤饲料时，必须有良好的通气条件。为了有利于饲料堆沤的通气，一般常

采用粪料占 60%、草料占 40% 的比例相互混合后堆沤。在堆沤饲料时最好翻堆 1~2 次，使空气流通，加速分解发酵。冬季堆沤饲料时，往往因气温较低，加之空气易于流通，饲料堆的温度不易上升，发酵不完全，不易腐熟，因此在堆沤饲料时应将饲料堆踏实，喷灌水，以减少空气流通，调节发酵速度。

（3）堆沤发酵的生化过程

饲料堆沤发酵是一个极其复杂的生物化学过程，在适宜条件下，不同微生物交替配合作用，使有机物逐渐分解，其过程通常可分为三个阶段：

①糖类分解期。当饲料堆内温度为 20~40℃时，有机物中的碳水化合物、糖类、氨基酸、蛋白质等被细菌分解，随之饲料堆温度也逐渐上升；当温度上升至 50~60℃时，则低温细菌便被高温细菌所代替。

②纤维素分解期。随着时间的推移，堆内温度上升到 70℃以上时，好气性细菌和放线菌大量活动、繁殖，纤维素外包围的一层木质素壳被上述微生物作用破坏，纤维素被暴露出来后即可由纤维素分解菌分解。纤维素被分解为有机酸和能量。此分解过程是在嫌气的条件下进行的。

③木质素分解期。当堆沤的饲料堆内温度由 70~80℃（发酵高潮）下降到 60℃时，木质素被分解而发酵成为黑褐色的碎片。

（4）饲料堆沤的方法

原料为草料 40%、粪料 60%。草料、粪料应交替铺放，草料层厚 6~9 厘米，粪料层厚 3~6 厘米，交替铺放 3~5 层后，在堆面浇水或喷水，直到堆底渗出水为止，然后再重复铺放 3~5 层，再浇水或喷水。料堆应松散，不要压实，料堆的长宽不限，高度宜在 1 米左右。饲料堆的形状和大小，可因天气、地区而异。天气干燥的季节，可以堆成平顶，稍有拱背，料堆横截面可堆成梯形；雨季则可堆成圆顶，料堆横截面可呈半圆形。大规模堆积可采用长条形，在饲料堆的底部用木条或竹条制成三角形的通气管（图 34）。

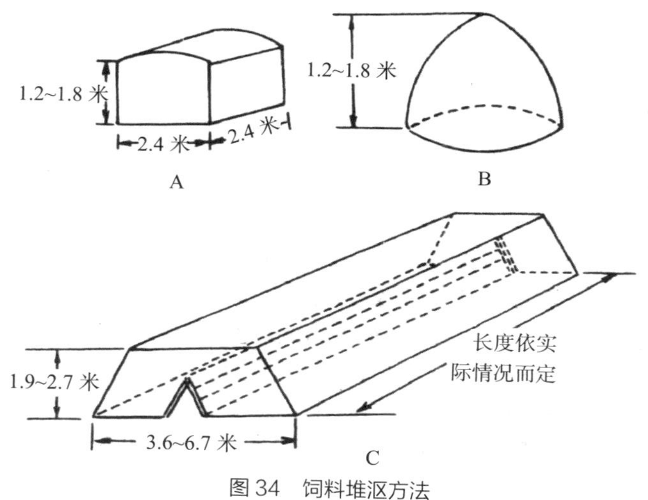

图 34　饲料堆沤方法

A. 平顶式料堆；B. 圆顶式料堆；C. 长条形料堆

通常在温暖季节里堆制的饲料堆，堆积后第 2 天，堆内温度会逐渐上升，1 周后，饲料急剧分解、发酵，早晚时分可以见到堆面“冒白烟”。发酵达到高潮以后，堆温逐渐下降，当堆温降至 50℃左右时，应进行第一次翻堆，即先将料堆四周和上面表层未发酵腐熟的饲料收集到一块儿，再与已分解发酵腐熟的饲料均匀混合（如有块状的应捣碎），然后重新堆积，适量喷洒水。料堆中可适量添加些可溶性氮素（如氨水、尿素等化学肥料），添加时既要注意均匀撒布，又要注意内部宜多，外部、上部宜少，尤其是上部，可尽量省用，因由下方上升的氨气已足够上部微生物的营养需要。为了使堆料全部彻底地分解、发酵，第一次翻堆 1 周后，再做第二次翻堆，以后隔 5 天、3 天、2 天各翻堆一次，一般翻堆 3~6 次，饲料就完全分解发酵腐熟了。

在堆制发酵的过程中，要注意以下几个问题：第一，雨季堆制发酵时，要注意防大雨冲淋，可在堆制发酵的饲料表面抹一层花秸泥或盖上塑料布等覆盖物。因为大雨冲淋后，可能导致饲料过湿和养分流失，影响堆料的通气性，不利于微生物的生长繁殖和有毒气体的散失。第二，堆制时，粪料和干料的混合比例要适合，如果粪料过多，往往会使堆料压得较紧，导致通气不良，料温上升慢而且偏低，发酵后的饲料常发黑，又黏又臭。如果草料过多，则堆料太松，水分蒸发快，这样堆料发干，料温也偏低，堆料不能充分发酵。第三，堆料时加水要适当，如果水分过少，在高温较干条件下，易产生大量白色的单孢菌等放线菌，遇到这种情况就要加水进行调节。第四，要注意控制翻堆次数及堆制时间。因为发酵时间太短，翻堆次数少，往往导致饲料不能充分发酵：相反，发酵过头，饲料中的养分与能量消耗较多，以致造成不必要的浪费。第五，在饲料堆的上面应用草帘或杂草、麦秸、稻草等覆盖，这样既可以防止热能散失，起到保温作用，又可以防止料堆水分蒸发及雨水的灌入。当料堆因发酵腐熟后上面塌陷时，要及时用周围的饲料填平凹处，以防雨水的渗入而影响料堆的分解和发酵。第六，冬季要注意选择温暖、避风的地方堆料，夏季要注意料堆避免阳光直接照晒。冬季堆沤时，因气温较低，应将饲料堆踏实，以减少空气流通，调节发酵速度。

饲料在发酵过程中会产生许多有害气体，其中少量有害气体溶于饲料的水分中，或游离于饲料之间的空隙里。另外，由于饲料的来源复杂，可能含有某些无机盐类、农药等其他有害物质。所以，饲料在投喂前必须进行处理。方法是将发酵好的饲料堆积压实，用清水从料堆顶部喷淋冲洗，直到饲料堆底有水流出。

（5）鉴定

饲料堆制发酵后，必须经过鉴定才能正式投喂，鉴定的方法有两种。第一种是感观鉴定法，如饲料色泽黑褐，无异味，质地松软不黏滞，即已腐热。某些饲料（如禽粪）发酵前有恶臭，腐熟后变得无味；某些饲料（如麦壳、麦毛、鱼类下脚料等）发酵前无味或无多大异味，发酵过程中产生恶臭味，待发酵完成，臭味消失后才能利用。

第二种是生物鉴定法，即经感观初步鉴定合格后，还要经过冲淋处理，即用水从料堆顶部向下喷淋、注水。直至下部有大量水淌出为止，以排除一些有毒气体（如氨气、二氧化碳、甲烷等）和有害物质（如过量的无机盐及农药等）。这样做虽然会使水溶性养分有所流失，但利大于弊。然后将这种冲淋后稍经控水的饲料取一小部分置于养殖床上，经 1~2 个昼夜后，如果大量蚯蚓进入栖息、取食，并无异常反应，则证明饲料合格，可正式大量投喂。

此外，要注意饲料的含水量、透气性、温度、酸碱度及投喂要保持环境安静和避免光线。含水量以手握饲料轻轻一捏，水珠在指缝中挤出来而不下滴为适度。赤子爱胜蚓在生长期对饲料含水量的要求较高，约为 70%，在繁殖期的要求略低，为 60%~66%。为了保证养殖床的正常湿度，应注意及时喷水。

（6）饲料 pH 的调节

饲料发酵好以后，测试 pH。蚯蚓饲料一般要求适宜 pH 为 6~7.5，但很多动植物废物的 pH 往往高于或低于这个数值，如动物排泄物的 pH 是 7.5~9.5，因此对蚯蚓饲料的 pH 要进行适当的调节，使它接近中性，以适合蚯蚓生长。当 pH 超过 9 时，可以用醋酸、食醋或柠檬酸作为缓冲剂，添加时为饲料质量的 0.01%~1%（质量比），可使 pH 调至 6~7，添加量太少，效果不大；然而超过 1% 则会使蚯蚓产茧率急剧下降。当饲料 pH 为 7~9 时，也可用 0.01%~0.5%（质量比）的磷酸二氢铵，可使饲料 pH 调至 6~7。但磷酸二氢铵用量不可超过 0.5%，否则也会导致蚯蚓产茧量的下降。

当饲料的 pH 为 6 以下时，可添加澄清的生石灰水，使饲料的 pH 调至 6~7。

（7）调制和添加营养促食物质

以 1 米^3 基料为例，取水 100 千克，加入尿素 2 千克、食醋 200 克、糖精 5 克、菠萝香精 4 瓶盖，混合在水中溶解，先取 50 千克水泼在基料上，翻堆后再把另 50 千克水泼在基料上，过 2 天即可使用。过去，人们也知道尿素可以作蚯蚓的氮源，但添加量一直局限于 0.01%~0.2%（质量比）。采用醋酸等调节 pH 的方法后，尿素的添加量可增至 1%，这为氮源不足的饲料利用创造了更好的条件。对养殖蚯蚓来说，1 克尿素相当于 2.88 克蛋白质，这一发现，为加快蚯蚓的生长和提高产量提供了有力的保证。再有，本技术在蚯蚓的饲料里添加了柠檬酸、香精、糖精，把蚯蚓的饲料调制成蚯蚓爱吃的水果香甜味，蚯蚓从此不但不逃走、不挑食，而且食量增加了 1 倍，从而大大地加快了生长速度、提高了产量。

六、饲养管理

（一）饲料的投喂

根据养殖的目的、要求、方法、规模的不同，应采取不同的饲料投喂方法，如上层投料法、料块（团）穴投料法、侧面投料法、分层投料法、下层投料法、开沟投料法、混合投料法等。

1. 上层投料法

即将饲料投放于蚯蚓栖息环境的表面，此法适用于补料。当观察到养殖床表面已经粪化时，即把新饲料撒在原饲料上面，厚度以 5~10 厘米为宜，让蚯蚓在新饲料层中栖息、取食。此法的优点是：投料方便，便于观察饲料的利用情况。但也有其缺点：即由于新饲料中水分下渗到原料床内，会造成旧料和蚓粪中的水分过大，而且逐次投料将蚓茧埋入深层而不利于孵化（图 35）。

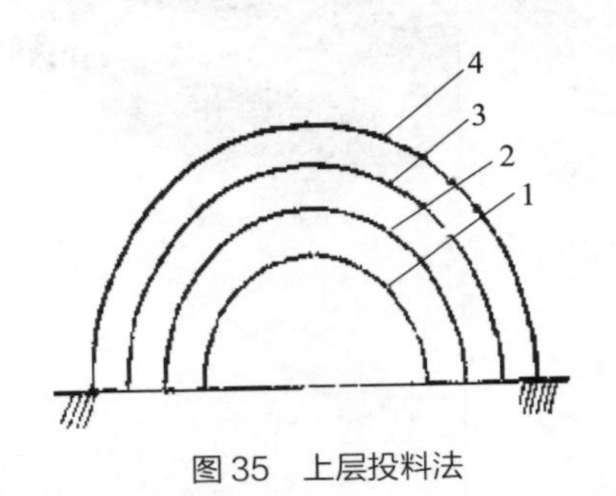

图 35　上层投料法

1. 原饲料；2. 第 1 次补料；3. 第 2 次补料；4. 第 3 次补料

2. 料块（团）穴投料法

即把饲料加工成块、球状，然后将料块（团）固定埋在蚯蚓栖息生活的土壤内或饲料床内，这样蚯蚓便会聚集于料块（团）的四周而取食。此法便于观察蚯蚓的生活状况，也比较容易采收蚯蚓。

3. 侧面投料法

即当养殖床上的饲料大部分粪化时，把新饲料投放在旧料床的两侧，也可将原料集中一边，空出的地方投入新饲料。此法操作简便，能把成蚓、幼蚓和蚓茧分离，便于养殖与孵化分头进行。

4. 分层投料法

包括投喂底层的基料和上层的添加饲料。为了保证一次饲养成功，对于初次养殖蚯蚓的人来说，可先在饲养箱或养殖床上放10~30厘米的基料，然后在饲养箱或养殖床一侧，从上到下去掉3~6厘米的基料，再在去掉的地方放入松软的菜地泥土。初养者若把蚯蚓投放在泥土中，浇洒水后，蚯蚓便会很快钻入松软的泥土中生活，如果投喂的基料良好，则蚯蚓便会迅速地出现在基料中，如果基料不适应蚯蚓的要求，蚯蚓便可在缓冲的泥土中生活，觅食时才钻进基料中。这样可以避免不必要的损失。基料消耗后，可加喂饲料，可采取团状定点投料、各行条状投料和块状投料等投喂方法。如采用单一粪料发酵7~10天，采取块状方法投喂饲料。在每0.3米^{2}养殖800条赤子爱胜蚓的饲养面上，饲料厚18~22厘米，每20天左右可加料一次。加料时即把饲养面上陈旧饲料连同蚯蚓向饲养面的一侧推拢，然后再在推出的空域面上加上经过发酵的牛粪。一般在1~2天内陈旧料堆里的蚯蚓便会纷纷迅速转入新加的饲料堆里。采用这种投料方法，可以大大的节省劳动力，并且蚓茧自动分清。在陈旧料堆中的大量卵茧可以集中收集，然后再另行孵化。

5. 下层投料法

即将新制作好的饲料投放在原来的饲料和蚓粪的下面，适于新

设的养殖床。此法的优点是有利于原产于旧料和蚓粪中的蚓茧的孵化，而且由于新的饲料投放到下层，蚯蚓都被引诱到下层的新饲料中，这样便于蚓粪的清除。此法也适于较宽敞的旧养殖床，可在一侧投放新的饲料，然后再把另一侧的旧饲料覆盖在新的饲料上。如果有几个养殖床并排，一端留一空床，补料时采取一倒一的流水作业法逐个投料，较为方便。此法往往因旧料不清除，蚯蚓食取新饲料又不彻底，常造成饲料的浪费。

6. 开沟投料法

即在植物行间开沟投喂饲料，上层覆土。此法适用于农田、园林、花卉园养殖蚯蚓。一般在春耕时结合给作物施底肥，耕翻绿肥作物，初夏时结合追肥，秋收后结合秸秆还田与秋耕施肥等农活进行。

7. 混合投料法

即将饲料和土壤混合在一起投喂。采用这种方法投喂，大多适用于农田、园林花卉园养殖蚯蚓。一般在春耕时结合给农田施底肥，耕翻绿肥；初夏时结合追肥及秋收秋耕等施肥时投喂。这样可以节省劳力而一举两得。

8. 液体投料法

为了弥补某些饲料中氮素的不足，在饲料配比时可添加0.01%~1% 的尿素。这种饲料投喂后，尿素不断被分解利用，以后每周在每百千克饲料中补喷 0.005% 的尿素水溶液 3 升。以尿素来代替畜禽粪便饲料作为氮源，具有不发生恶臭、避免污染环境、含氮量高、易于运输、易于保存、使用方便、成本低廉、适用于城市等优点。同时，为了提高饲料的营养价值和适口性，保持饲料适度的湿度，可以适时在饲料中喷洒一些酵母发酵废液，如淘米水、泔水、坏烂瓜果汁、食品厂废液等液体饲料，这样更有利于蚯蚓的生长繁殖。

生产中，各养殖场可因地制宜，根据饲养方式、规模大小、养殖目的和要求投喂饲料，更重要的是要根据不同蚯蚓的生活习性来投放和改进投喂饲料的方法，以达到省料、省力、省时和能取得较高经济效益的目的。不管采用哪种投喂方式，其饲料一定要发酵腐熟，绝不能夹杂对蚯蚓有害的物质。

（二）日常管理

在蚯蚓的饲养过程中，日常管理十分重要。我们要根据蚯蚓的生活习性，经常性的检查和观察，发现异常现象及时查明原因，并及时给予解决，防患于未然。不要等异常现象十分严重了再去处理，那样损失就太大了，会严重影响蚯蚓养殖的经济效益。所以蚯蚓养殖的日常管理尤为重要。其主要分为以下几个方面：

1. 适时投料，定期清粪

在室内养殖时，养殖床内的基料（饲料）经过一定时间后逐渐变成了粪便，必须适时的补给新料。室内地沟式养殖时，要一次性给足基料，在一定时间内定时采收，避免基料食尽后蚯蚓钻入地下采食或死亡。蚯蚓粪便的定时清理，对蚯蚓的生长、繁殖都有好处。室内养殖蚯蚓，必须十分注意室内的清洁卫生，保持空气新鲜，搞好粪便的定时清理。大田养殖不必清理粪便，蚓粪是农作物的有效有机肥。

2. 适时采收或分群

蚯蚓有祖孙不同堂的习性，成蚓、幼蚓不喜欢同居，大小蚯蚓在一起饲养时，大蚯蚓可能逃走，同时大小蚯蚓长期混养可能引起近亲交配，造成种蚓退化。当蚯蚓大量繁殖，密度过大时需要适时采收或分群，提高蚯蚓养殖产量及收益。否则，超过最佳采收期的成蚓不及时采收，则浪费蚯蚓饲料，增加养殖成本，并将产生上述不良后果，不到最佳采收期采收了又降低了产量。蚯蚓养殖的最佳密度，以每平方米 2.8~3.1 千克或每平方米 2 万条为宜，在此范围内，投种少、产量高。前期幼蚓养殖密度可稍大于每平方米 3 万条或每平方米 2.5 千克；后期幼蚓成蚓养殖密度可逐渐降至每平方米 2 万条左右。密度控制应与轮换更新结合起来，将种蚓床、孵化床、前期幼蚓床、后期幼蚓床按 1∶1∶2∶4 的面积比建造，结合扩床养殖，即可达到控制密度的要求。

3. 注意防逃

在一般饲养情况下，如果温度、湿度适宜，饲料充足，空气通畅，无强光照射，无有害物质和有害气体，无噪声或电磁波干扰，水分不过多，蚯蚓是不会逃逸的。所投喂的饲料和蚯蚓所栖息的生活环境不适宜时，蚯蚓才会逃走。另外，养殖密度过大也会产生逃逸；放养密度过大还会产生食物、氧气等供应不足，生活空间狭小，代谢废物增多造成环境污染等问题，从而致使种群内个体间生存竞争加剧，使蚯蚓个体增重下降，生长发育不良，繁殖力降低，并且蚯蚓抵抗力也降低，很容易患病，严重时引起死亡。在室外地沟养殖时，要搞好清沟、排渍、清除沟土异味等工作。一次性给足基料，避免因沟土异味或无料可食而引起蚯蚓逃走。室内架床式养殖时，应使架床上基料通气、通水良好，保持适宜的温度和湿度，在室内饲养架外夜晚加灯光，防止蚯蚓逃出饲养架外。总之，要采用切实可行的防逃措施，以防蚯蚓逃走，给蚯蚓养殖者造成损失。

4. 加强日常管理

要根据蚯蚓的生活习性，经常保持它所需要的温度和湿度，避免强光照射。冬季要加盖麦秸、稻草或塑料薄膜保温。夏季要加盖湿麦草、湿稻草遮阴降温。要经常洒水，并保持环境安静和空气流通。

5. 预防敌害

黄鼠狼、鸟类、鸡鸭、青蛙、老鼠和蛇等都是蚯蚓的天敌，必须采取有效措施，严加防范。

6. 勤观察及时发现问题

蚯蚓在良好状态下，15~30 分钟就潜于基料中，体肥胖、环节清楚、颜色鲜明、有光泽，对光、热、声、味皆敏感，均匀分布在基料中，大小一致。在不良情况下，蚯蚓常聚集在一个地方，或从表面钻向床外逃掉，蚓体变黑、无光泽，这时需及时采取措施。

（三）环境条件的控制

1. 温度

不同种类蚯蚓的适温范围有所差异，一般来说，在 20~30℃均可生长发育，25℃左右为适温，生长较快，繁殖率也高。因此，在炎热的夏季和寒冷的冬季，要分别采取降温和保温措施，否则季节性气温波动会使蚯蚓的产量出现季节性的停滞或间歇。

2. 湿度

蚯蚓要求的适宜湿度为60%~80%。夏季气温高，水分蒸发快，可每天的早晚各洒水一次，以保持适宜的湿度。在冬季，为防止降温幅度大，可以减少洒水次数，甚至每隔3~5天才用30℃左右的温水淋洒一次，以满足蚯蚓对湿度的要求。自来水含有较多的氯离子，最好不用或少用自来水淋洒养殖床。

3. 空气

蚯蚓所需的氧气，通常是从扩散到土壤的空气中得到的，因此，必须使蚯蚓养殖床自始至终保持良好的通气性。使养殖床保持通气性的方法有：A. 在制作饲养器（如饲养木箱）时，可在容器的底部和四壁钻些小孔，或者有意识地留一些自然孔隙（如围地槽），以增加养殖床的空气接触面；B. 在饲养器的基料不要堆太满，要留有足够的空间；C. 基料不要堆太厚，一般为18~20厘米，冬季可厚到40~50厘米。较厚时可用木棍适当戳洞，或在底部埋入布满小孔的管道，管道的两端开口应与外界相通，以利于空气的扩散和基料中有害气体排出；D. 在养殖床中掺入粗锯末或谷壳等粗纤维，使之疏松透气；E. 室外养殖的要防雨淋，或者要求排水良好。

4. pH

饲料中的酸碱度应保持接近中性，pH 6~8较适宜。控制养殖床酸碱度的主要措施，一是充分发酵良好的基础料，每次投放前要鉴定饲料的质量，如果是充分发酵腐熟的饲料，用手摸不热，抓一把散落，无臭味，放上蚯蚓即钻进去采食，否则不能利用；二是在饲养过程中要及时清理蚓粪，防止养殖床酸性化。如过碱，则可用磷酸二氢铵进行调整；如过酸，可用石灰水或氢氧化钾调整。酸碱度适合时，投放的种蚓会很快钻入料内，摄食也很活跃。

5. 光照

蚯蚓习惯于安静与黑暗的土居生活，所以在饲养期间应避免经常性的翻动和防止日光的强烈照射。

（四）不同生产阶段的饲养管理

1. 幼蚓的管理

幼蚓刚从蚓茧孵出时，一般呈丝线状，身体弱小、幼嫩，新陈代谢旺盛，生长发育极快，在管理上应特别注意。在投喂饲料时应选择疏松、细软、腐熟而营养丰富的饲料，制作成条状或块状来投喂。为使幼蚓生活环境空气新鲜，尽量避免闷气，可以采用薄层饲料来投喂饲养。在加水时，不宜泼洒，可用喷雾器喷洒，使水细小呈雾状，每天喷洒 2~3 次，但不能有任何积水。温度应控制在 20~35℃。

2. 育成蚓的管理

育成蚓的管理相对粗放一些，在保证适宜的温度（15~25℃）、湿度（30%~70%）和良好的通气条件下，要特别注意放养密度。一般来说，养殖的密度与养殖的种类、养殖的目的、养殖的环境条件和设施及养殖技术、管理水平有着密切关系。如养殖赤子爱胜蚓时，如果以收获成蚓为目的，则每平方米可放养 1 日龄幼蚓 4 万条左右；随着幼蚓的生长发育，养殖到 1 个月至一个半月时，可调整到每平方米 2 万条左右；养殖到一个半月至成蚓时，养殖密度最好为每平方米 1 万条左右。

3. 种蚓的管理

在选择良种蚯蚓进行养殖的基础上，为了获得生产群的高产，还要注意留种。在长期人工养殖某一种蚯蚓的情况下，常会由于近亲交配而出现退化现象，所以在养殖过程中，应注意选择个体长粗、具光泽、食量大、活动力强且灵敏的蚯蚓分开来单独饲养，作为后备种蚓。或利用种间杂交的方法来培育具有杂种优势的后代，并通过人工选择不断扩大种群，留作种蚓。

蚯蚓是雌雄同体、异体交配的动物。幼蚓生长 38 天即性成熟，便能交配，交配后 7 天便可产卵，在平均温度 20℃时，经过 19 天的孵化即可产出幼蚓，全育期 60 天左右，生产中要保证供给种蚓科学配制的全价饲料。种蚓在基料内自然交配、产卵和孵化出幼蚓，它不需要人工管理，但需为种蚓提供最佳繁殖性能所需的适宜温度（24~27℃）、适宜湿度（60% 左右），并且保证合理的养殖密度（以每平方米放养 10 000 ± 2 000 条为宜），防止蚓茧日晒脱水而死亡，及时分离蚓茧（每隔 1 个月左右，结合投料和清理蚓粪进行），以上均为繁殖蚯蚓管理要点，是高孵化率和高成活率的基本保证。

（五）不同季节的饲养管理

随着一年四季的气候变化，四个季节的管理各自有着重点所在。春季在立春过后，气温和地温都开始回升，温度适宜，蚯蚓繁殖很快，要着重抓好扩大养殖面积的准备工作，如增设床架、新开地沟、堆制新肥堆等。夏季注意经常抓好降温和通风，初秋露水浓重的季节里，夜晚要揭开覆盖物，让大部分蚯蚓爬出土表层，享受露水的润泽，这对交配、产卵、生长均有好处，晚秋天气开始转冷，要做好防寒准备，冬季当然首先要做好保温工作。

1. 夏季降温增产

在夏季7—8月高温天气，应采取降温措施，把蚓床温度控制在30℃以内，避免蚯蚓高温休眠，产量下降，这是蚯蚓夏季增产的关键。

（1）搭棚遮阴

搭棚材料可选用麦秸或稻草编制的帘子，棚的设置应南低北高，棚离蚓床1米左右，南面的草帘子早晨放下，傍晚前收起，要做到四面能通风，下雨能防水。

（2）蚓床盖草

气温较高时，在遮阳棚的蚓床上加盖草帘子或青草、水葫芦、水花生等，可使蚓床温度维持在30℃左右，从而促进蚯蚓的生长繁殖。

（3）淋水降温

在炎热的天气，气温达35℃以上，每天必须浇水2~3次，以利于蚯蚓晚上在适宜温度与适宜湿度环境中爬上蚓床饲料层觅食。尤其每天的下午必须浇1次水，以新鲜的冷井水为宜，千万不能用晒得很热的稻田水或严重污染的工业废水。

（4）绿化遮阴

在蚓床之间种植香蕉树，可起到对蚓床遮阴调湿的作用，同时也可使蚓床形成具有快速通风作用的巷道。

总之，高温期综合采用上述降温措施，结合绿化，把蚓床温度控制在30℃以内，以获得夏季的高产量。

2. 越冬保种及增温增产

在我国的北方地区，为了翌年大规模养殖确保种源的供应，应注意冬季的保种工作。尤其是在农田、园林、野外养殖蚯蚓时，在冬季来临之前，应及时将蚯蚓移入室内或温室，以免因严寒引起死亡。室内可建土坑，增设火炉、暖气等加温设施；室外除采用温室、暖棚外，可采用覆盖两层薄膜夹一层草帘的方法，可获得增温保暖的效果。在冬季保持适宜的温度和湿度，不仅可以顺利越冬保种，而且蚯蚓可以照常生长发育和繁殖。赤子爱胜蚓耐寒性强。只要不是长期冰冻的地方，如管理得当，冬季生产蚯蚓并不比夏季困难，同时应根据各地的具体情况采取越冬措施。

（1）保种过冬

在严冬到来之前，将个体较大的成蚓提取出来加工利用，留下一部分作种用的蚯蚓和小蚯蚓，把料床加厚到 50 厘米左右，也可以将几个坑的培养料合并到一个坑，上面加一层半发酵的饲料，或新料与陈料夹层堆积，调整好温度，加盖厚覆盖物，挖好排水沟，就可以让它自然过冬，到翌年春季天气转暖时再拆堆养殖。

（2）室外保温过冬

可利用饲料发酵的热能、地面较深厚的地温和太阳照射能使蚓床温度升高，以保证蚯蚓过冬。首先，选择与养殖蚯蚓要求的环境条件一致的地方，一般要求挖深 1 米左右、宽 1.5 米、长 5 米以上坑。坑挖好后，先在坑底垫一层 10 厘米厚的干草，草上加 30 厘米厚捣碎松散的畜禽混合粪料，有条件的地方可在粪料中加一些酒槽渣，含水 50% 左右。粪上加 10 厘米厚的干草，干草上铺 2 条草袋或麻袋，再投以 30 厘米含蚯蚓粪的培养料，料上盖一层稻草，草上加 10.5 厘米厚的发酵粪料，上面再盖好覆盖物，覆盖物上再盖塑料薄膜。晴天时，在中午揭开透气，并让太阳晒暖料床。越冬期间，应及时添加半发酵料。

（3）低温生产

砍掉蚓床周围的一切荫蔽物，让太阳从早到晚都能晒到蚓床上；秋天遗留下来的基料不再减薄，逐次加料来增加床的厚度，加料前将老床土铲到中央一条，形成长圆锥形，两边加入未发酵的生料，并采取逐次加水的方法让其缓慢发酵。1 周后，覆到中央老床土上，蚯蚓开始取食新料后，打平。等新料取食一半后又如上法加一次新料。

覆盖物要求下层是 10 厘米厚的松散稻草或野草，上面用草帘或草袋压紧，再盖薄膜。晴天上午 10:00 后把覆盖物减到最薄程度，让太阳能晒到料床上，下午 4:00 后再盖上。

（六）生产管理记录

科学地养殖蚯蚓，在饲养中还应准备有饲养记录本，定时观察和记录蚯蚓的生活情况，包括蚯蚓的饲料种类、喂量、生长、交配、产茧、孵化、室温、湿度及基料内的温湿度、pH 等。观察结果逐项记录于表 8。记录表应逐日、逐项填好，妥善保存，检查存在的问题，以便日后及时总结养殖经验和教训，随时改进饲养管理工作。

表 8　蚯蚓观察记录

年　月　日

项目	养殖箱（池）编号																
	1	2	3	4	5	6	7	8	9	10	11	12	13	……			
饲料种类																	
饲料投喂方法																	
日喂量 / 克																	
蚓体重 / 克																	
月增重 / 克																	
交配日期																	
产蚓茧日期																	
产蚓茧量 / 个																	
孵化日期																	
孵化率 /%																	
室内温度 / ℃																	
室内相对湿度 /%																	
基料湿度 /%																	
基料湿度 /%																	
pH																	

七、采收处理与运输

（一）蚯蚓的最佳采收时间

蚯蚓生长繁育很快，需要及时采收。蚯蚓有祖孙不同堂的习性，如不及时采收，就会造成成蚓外逃。大小混养还会造成近亲交配，使种蚓退化。从蚓茧孵化到蚯蚓性成熟，在一般条件下约 4 个月，即当蚯蚓环带明显时，蚯蚓生长速度减慢，饲料利用率降低，体重和肥壮程度达最佳状态。生产阶段中，幼蚓刚好长大成熟（每条 0.3~0.4 克，蚯蚓头部出现环带的时候），就应添加少量新鲜饲料以提高蛋白质含量让蚯蚓得到催肥，一般在饲养 1~5 天后就要把蚯蚓分离出来进行利用。蚯蚓还有成蚓与幼蚓不愿在一起同居的习性。当幼蚓从蚓茧大量孵出后，成蚓便会自动移居到其他饲料层或大量逃出。所以，当发现有大量幼蚓从蚓茧内孵出，每平方米约 2 万条后应及时采收，不要延误。

（二）蚯蚓的采收

养殖蚯蚓的目的多种多样，或为获得蛋白质，或为处理公害解决垃圾污染等。正如我们前面所说，蚯蚓是一种优质的蛋白质饵料和饲料，而蚓粪又是极佳的优质肥料，因此，要随时采收蚯蚓和蚓粪。蚯蚓采收的时间，常因养殖的种类和饲养条件而异。下面介绍几种目前通常采用的方法。

1. 诱饵采收法

（1）上层诱取法

先在蚓床表面或蚯蚓富集的土壤表层放上一薄层蚯蚓喜食的饵料，根据蚯蚓昼伏夜出的地表采食活动规律，天亮前趁蚯蚓贪食未归时携带红光或弱光的电筒收集。如果要在养殖床内，部分收取蚓体，可以在床表层，定点设置蚯蚓喜食的含糖较为丰富的烂水果之类，一般只要经过 24 小时后，蚯蚓自会在新置的饲料旁云集，此时取蚓也极为方便。

（2）侧面诱取法

此法最适合于成蚓的收取。方法是从诱集床的两边，把旧料往中间堆集，形成长条形，同时在原堆集旧料的两侧，堆放少量的新饲料，2 天以后，大部分的成蚓已集中于两侧的新料中，然后用驱赶法收取成蚓，效果良好。如掺入腐烂的瓜果皮屑或拌入少量的炒熟的豆饼、花生饼等效果更佳，本法适于坑养、沟养、池养、园林及农田养殖蚯蚓的采集。

（3）逼驱法

此法基本与侧面诱取法相似，不同的是对将要取出的旧饲料人为给予较干的条件，而在两侧新投的饲料中，给予蚯蚓需要的合适湿度。这样，48 小时后，绝大部分蚯蚓由于怕干喜湿而进入新料中，从而达到收取蚯蚓的目的。

（4）笼具采收法

在密布许多孔径为 1~4 毫米的笼具（如虫笼等）中，放入蚯蚓爱吃的饲料（如香蕉皮、腐烂水果、西瓜皮、厨房的下脚料等），将该笼具埋入养殖槽或饲料床内，蚯蚓便陆续钻入笼中采食，待集中到一定数量后（在温度 20℃条件下，经约 1 周，里面会钻进大量蚯蚓），再把笼具取出来，即可达到蚯蚓与蚓粪分离的目的。然后用网眼孔径为 2~3 毫米的筛子把混有的少量蚓粪筛掉，即得到纯净的蚯蚓。这种诱集采取方法，也可以用于坑养、池养、沟养、园林及农田养殖上。即在养殖场所周围投以新鲜、蚯蚓喜爱吃的食物，如掺入腐烂残存的瓜果皮屑或者少量炒熟的豆饼、花生饼、芝麻饼等于诱集的饲料中，便可以引诱蚯蚓，使其与蚓粪分离。

2. 光刺激采收法

（1）翻箱采收法

箱养蚯蚓在采收时，可将养殖箱放在阳光下晒片刻，蚯蚓由于逃避强光或高温钻入箱子底层，然后将箱子反转扣下，蚯蚓即暴露于外，迅速采收。

（2）倒床采收法

根据蚯蚓怕光的习性，建造两个饲育床A和A′来饲养蚯蚓（饲育床一般长10~20米、宽2~4米、高20~50厘米，两个饲育床之间留有通道，宽为70厘米，便于饲养人员通行），准备一套网筛装置（长1.3米、宽1米、高0.2米的大木框，底部装有网眼直径为5毫米的铁丝网，可以将蚓体与蚓粪分离）。具体操作方法是：当A床成蚓密度大、饲料基本粪化时，在光照下用刮板逐层刮料，驱使蚯蚓钻到养殖床下部，并聚集成团。然后把蚯蚓置于网筛上，筛下放置收集容器，在光照下，蚯蚓自动钻入筛下容器中。蚯蚓体表黏附的粪粒和有机杂物残留在筛上。将刮取的粪粒（含蚓茧）移置A′床上，继续孵化，待蚓茧全部孵化并长至一定程度，但尚未达到产卵阶段时，再用上述方法，将幼蚓和蚓粪分离，幼蚓进入A床（新饲育床），继续饲养。

（3）红光夜捕法

此法适用于田间养殖蚯蚓的采收。利用蚯蚓在夜间爬到地表采食和活动的习性，在凌晨3:00—4:00，携带红光的电筒，在田间进行采收。

3. 机械分离法

把充分繁殖好的蚯蚓、蚓茧和剩余饲料装入喂料斗，开动马达，将饲料震碎，从4号筛漏入1号筛中，蚓粪、部分蚓茧落入5

号箱中回收，剩余物到达 2 号筛时，拍打饲料块使之进一步破碎，下滑到 3 号筛，约 50% 的小蚯蚓和 50%~70% 的蚓茧、细土落入 6 号箱回收。剩余物再下降到 9 号输送器，其中大蚯蚓爬附于输送器上，经水平方向输送到 10 号箱回收，其他大而硬未破碎的残余物落入最下面的箱内。这样就大致把大蚯蚓、蚓粪、蚓茧和小蚯蚓分离出来（图 36）。

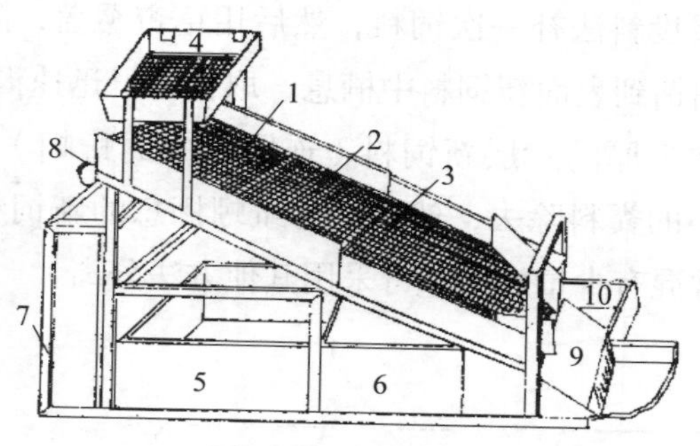

图 36　蚯蚓收获机具

1~4. 孔眼不同的方筛；5、6. 料箱；7. 固定支架；8. 电动机；9. 输送装置并带动筛下拍打装置；10. 收集箱

4. 水驱法

适于田间养殖，在植物收获后，即可灌水驱出蚯蚓；或在雨天大量蚯蚓爬出地面时，组织力量，突击采收。

除上述几种方法外，还有高温驱逐采收法、锤击驱逐采收法等。必要时，可将几种方法联合使用。

（三）蚓粪的采收

适时采收蚓粪，不仅可以获得优质的蚓粪肥料，而且可以清除养殖箱、床上的废弃物，消除污染，有利于投料和操作，对蚯蚓的生长和繁殖也十分有利。蚓粪的采收，往往与蚓体的采收和投喂饲

料同时进行。采收蚓粪的时机还应视实际情况而定，当饲料床已形成一定高度并且已全部粪化时，就应该清粪。蚓粪清理和采收常用以下几种方法。

1. 刮皮除芯法

此法常与上层投料法相结合进行。当需要清除饲养床内的蚓粪时，先用上层投料法补一次饲料，然后用草帘覆盖，隔 2~3 天后，趁大部分蚯蚓钻到表面新饲料中栖息、取食时，迅速揭开草帘，将表层 15~20 厘米厚的一层新饲料（连同其中的蚯蚓）快速刮至两侧，再将中心的粪料除去，然后把有蚯蚓栖息的新饲料铺放原处。除去的粪料常混有少量蚯蚓，可采用其他方法分离。

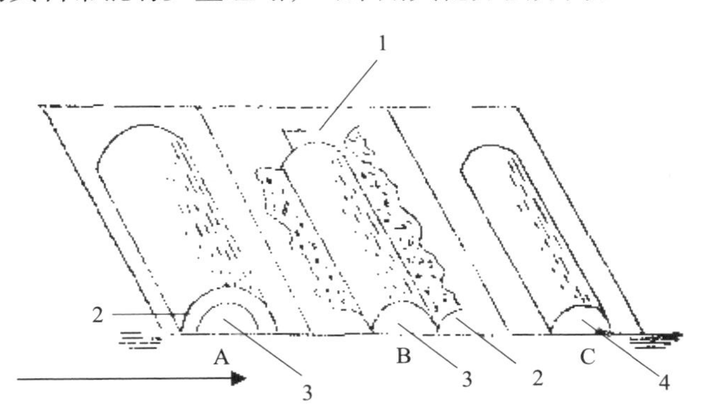

图 37　刮皮除芯法示意

1. 除去；2. 外层；3. 芯；4. 外层还原

2. 上刮下驱法

当用下层投料法投料后，蚯蚓多被诱集到下部新饲料层中，此时可将上层蚓粪缓慢地逐层刮除，蚯蚓在光照下会逐渐下移至底层。

3. 侧诱除中法

当采用侧面投料法投料后，蚯蚓多被引诱集中到侧面的新饲料中，这时可将中心部分已粪化的原饲料堆除去，然后把两侧新鲜饲料合拢到原床位置。采用这种方法清出的蚓粪残留的幼蚓较多，应辅以上刮下驱法将幼蚓驱净。

在采用上述三种方法收集到的蚓粪中往往有许多蚓茧，必须对蚓粪进行处理。一是可将收集到的含有蚓茧的蚓粪直接作为孵化基进行孵化，待蚓茧大量孵化，并达到1个月以上的时间时，再采用上述方法把蚓粪清除。二是可将已收集到的含有蚓茧的蚓粪摊开风干至含水量为40%左右时（禁止日晒），用孔径2~3毫米的筛子，将蚓粪过筛，筛上物（粗大物质和蚓茧）另置一床，加水至含水量为60%左右，继续孵化。

（四）药用蚯蚓的处理

捕捉到蚯蚓加工药材时，先用温水泡，洗去其体表黏液，再拌入草木灰中，呛死之后去灰，随即用剪刀剖开蚯蚓身体，洗去内脏与泥土，贴在竹片或木板上晒干或烘干即成。为了提高蚯蚓的临床疗效，常用炒制、酒制、滑石粉制、甘草水制等处理以达到上述效果。

1. 炒制地龙

取干净地龙段，放置锅内，用文火加热，翻炒，炒至表面色泽变深时，取出放凉，备用。

2. 酒制地龙

取干净地龙段，加入黄酒拌匀，放置锅内，用文火加热，炒至表面呈棕色时，取出，放凉，备用。每100千克地龙段，用黄酒12.5千克。

3. 滑石粉制地龙

取滑石粉，置锅内用中火加热，投入干净地龙段，拌炒至鼓起，取出，筛去滑石粉，放凉，备用。

4. 甘草水制地龙

取甘草置于锅中，加水煎成浓汤，然后放入干净地龙段，浸泡2小时，捞出，晒干，备用。

加工好的地龙干应贮藏在干燥容器中，置于通风干燥处，防霉、防蛀。

（五）饲料用蚯蚓的处理

目前，养殖蚯蚓多作为畜禽饲料。蚯蚓喂饲不当，能传播多种畜禽寄生虫病，影响畜禽的正常生长发育。寄生在猪体内的有许多圆线虫，这些圆线虫的虫卵随粪便一起排出，若被蚯蚓吞食后，在蚯蚓体内发育成幼虫，猪吃了含有圆线虫幼虫的蚯蚓就会感染寄生虫病。寄生在鸡体内的异刺线虫、环形毛细线虫等，它们的虫卵随鸡粪排出，若外界条件适宜，就发育成幼虫混在粪土中，虫卵或幼虫一旦被蚯蚓吞食，鸡和其他家禽再吃了带寄生虫的蚯蚓，就会感染上述寄生虫。因此，用蚯蚓喂饲畜禽时，必须预防寄生虫病。其主要方法如下：I.作蚯蚓饲料的畜禽粪便与其他有机物一定要认

真堆沤，充分腐熟发酵，杀死虫卵和幼虫。Ⅱ.尽量做到养喂分家，即不要用喂鸡粪的蚯蚓喂鸡，不要用喂猪粪的蚯蚓养猪。但可以交叉利用。Ⅲ.蚯蚓作为饲料，喂前应坚持加热煮熟，消灭虫卵后再喂；或把蚯蚓烘干粉碎，消毒制成蚯蚓粉，作为添加饲料喂给。Ⅳ.引进蚓种时，必须坚持严格检疫，有寄生虫或其他疾病的蚯蚓不能做种，防止疾病蔓延。蚯蚓作为医药或食品原料时，产品必须经过检疫或药理检验，合格后才能利用。

1. 蚯蚓粉

收获的成蚓，除直接应用外，有时还要贮存。为了防止腐烂，并提高适口性，有些蚯蚓还要进行干燥粉碎，加工成蚯蚓粉。蚯蚓粉的加工方法简单，即将鲜蚯蚓经冲洗干净后，烘干、粉碎即成。干蚯蚓粉能长期保存，同时能像鱼粉一样添加于各种动物的基础饲料中，易于为动物食用。干蚯蚓粉含蛋白质65%~70%，其蛋白质含量与进口鱼粉相当，高于国产鱼粉。实践证明，用蚯蚓粉代替鱼粉，不仅价格便宜，而且饲养的畜禽肉质好、味道鲜美。

2. 蚯蚓液

蚯蚓的体腔液中含有多种蛋白水解酶和纤溶酶，对蛋白质的分解有较好的效果。宋春阳等人用酶解法水解蚯蚓，蚯蚓液中氨基酸总和为80.1克/升，并含有多种微量元素、维生素等营养物质。蚯蚓液作为新型的蛋白质饲料添加剂，可促进畜禽的生长和提高抗病能力。蚯蚓浸出液的制作方法是：取鲜蚯蚓1千克，放入清水中，排净蚯蚓消化道中的粪土，并洗去蚯蚓体表的污物，放入干净的容器中，再加入250克白糖，搅拌均匀，经1~2小时后，即可得到700毫升蚯蚓体腔的渗出液，然后用纱布过滤。所得滤液呈深咖啡色，再经高温高压消毒，可置于冰箱内长期贮存备用。

（六）蚓粪的处理

蚓粪一般多用于改良种植各类花卉的土壤。刚采收来的蚓粪大多含有水分和其他杂质，需要将蚓粪干燥、过筛、包装、贮存和运输等。蚓粪的干燥一般采取自然风干和人工干燥的方法。自然风干即把收集来的蚓粪放在通风较好的地方进行晾晒，通风干燥。人工干燥，大多采用红外线烘烤的方法，除去蚓粪中的水分，速度较快，并能杀死细菌。然后再过筛，清除掉其他杂物，封入塑料袋中包装好待用。

蚯蚓粪的营养价值较高，除含氮、磷、钾、镁以外，还含有钼、硼、锰等微量元素，完全可以替代麸皮等饲料。在配合饲料中，添加一定量的蚯蚓粪即可作为全价饲料或补充饲料的动物性蛋白源，蚯蚓粪又是某些动物（鱼、猪、鸡）极佳的摄饲促进物质，能提高畜、禽、鱼的适口性、摄食强度和饲料利用率，大大提高了动物生产率。在我国已有用蚯蚓粪代替相应能量饲料养鱼、猪、鸡的报道，结果表明，蚓粪优于麸皮，不仅降低了饲料成本，而且增产效果显著。

（七）蚯蚓的运输

1. 活蚓的运输

运输活蚯蚓主要用于引种。一般来说，短时间运输活蚓，可在容器内装入潮湿的饲料或用养殖床上所铺的基料当填充物，然后将蚯蚓放入。活蚯蚓的运输是引种和销售的重要环节，特别是在长途运输过程中，如果稍有疏忽，往往会发生大量死亡，造成不必要的经济损失。由于运输季节、运输距离和运输的虫态不同，所采用的运输方法也不相同，但都需要运输载体。

（1）载体的制备

通常情况下，好的载体应具有一定的透气、换气功能，较常用的载体有基础饲料、菌化牛粪和膨胀珍珠岩等。其中用基料作为载体时，放入的蚯蚓不宜太多，而用后两种载体时装载密度可大一些。菌化牛粪制作时间稍长，需要将无杂质的新鲜牛粪密封发酵7~15 天，中间翻堆 1 次，充分发酵后拌入少量的 5406 菌种，平铺在室内地面上 15 厘米厚，盖上纸避光发菌 15 天左右，待布满白色菌丝时表明菌化成功。然后将发菌后的牛粪轻轻搓散即可使用。

膨胀珍珠岩透气性较好，但无营养，使用前需要进行营养化处理。首先将干净的细沙在热锅中加热至 100℃，然后放入膨胀珍珠岩热炒至 200℃时即开始冷却，待温度降到 60℃左右时筛除细沙并拌入营养液，浸泡 2~3 小时后用风吹干表面水分即可使用。营养液可以自行配制，取大豆粉 65%、鱼粉 10% 和土豆淀粉 25%，另加复合微量元素 0.03%、多维素 0.08%、干酵母 0.1%，混匀后加入 2 倍的清水用微型研磨器研磨 1 分钟，再兑入 100 倍量的清水搅拌均匀即成。

（2）运输

少量运输时将蚯蚓放入上述载体，或直接用基料作为载体，然后装在透气性好的木箱或纸箱中运输。有的用包装纸板箱，内装潮湿的载体，容纳约 2 000 条蚯蚓进行转运销售。若大批量运输，最好使用上述载体，并进行适当加工。使用菌化牛粪时，须在其中掺入 3% 的豆饼粉和 5% 的面粉，拌匀后加适量淘米水反复揉搓使之达到粘连成团，然后用手团成鹅蛋大小的圆团，一部分加工成直径 2~3 厘米的小块。最后在圆团外滚上一层麦麸或存放 1 年以上的阔叶树锯末，使用时将大、小载体团按 7：3 的比例混合，并加入

27% 的菌化牛粪和 3% 的珍珠岩作为填充料。一般每立方米可放入蚯蚓 6 万 ~10 万条。待蚯蚓全部钻入载体团后，放入塑料编制袋中或装箱运输。使用珍珠岩载体时，可在其中混入 20% 的软质塑料泡沫碎片，每立方米可放入蚯蚓 4 万 ~6 万条。蚯蚓的长途运输应注意三个问题：一是选择合适的运输季节或时间；二是要创造高容氧的小环境条件，避免厌氧腐败细菌的繁殖而导致蚓茧坏死；三是要选择好载体，防止黄霉菌和水霉菌的寄生繁殖。一般冬季运输比较安全，把蚓茧放在原来的基料中即可。不论何种运输方式，均应注意保持适宜的湿度和通气条件。运到目的地后要进行检查，除去死蚓和病蚓，并给活蚓提供良好的生活条件。

2. 蚓茧的运输

蚓茧运输时也要注意上述三个问题。一般冬季运输比较安全，把蚓茧放在原来的基料中即可。高温季节运输必须慎重，气温高于 35℃时，最好不要远距离运输或只在早晚运输，必须运输时要考虑带冰运输，使箱内温度低于 25℃。使用菌化牛粪载体时，要喷适量清水，使含水率在 40% 左右，然后按 40%~60% 的体积量混入蚓茧，装入塑料袋内，并在塑料袋上扎一些通气孔，即可装箱运输。使用珍珠岩时按 40%~80% 的体积量混入蚓茧，再装入留有通气孔的塑料袋内装箱运输。

八、病虫害防治

（一）蚯蚓的疾病种类

1. 生态性疾病

蚯蚓一生中有卵、幼蚓、育成蚓和成蚓等多个形态的改变，还有生活环境的改变，这么多的环节难免会遇到不测。蚯蚓所处生态环境及微生物环境的必需条件失衡或完全丧失可导致蚯蚓发生一系列相应的病变反应，这类病变叫作蚯蚓的生态性疾病。生态性疾病有可能是蚯蚓对光、温、气、湿的不适直接造成，也可能是光、温、气、湿影响基料恶化而间接造成。

2. 细菌性疾病

细菌性疾病传染性极大，染病者往往是通过基料、饲料等媒介作用或其他带菌寄生虫所感染。一般情况下这类疾病病程较短，突发性强，死亡率高。如果养殖环境及基料运转过程中的缓冲能力较平稳，不会造成灾难性病害。该类疾病一旦被发现即可很快被控制，故大面积或普遍性患病的可能性极小。

3. 真菌性疾病

蚯蚓所生活的基料是真菌繁衍的适宜环境。真菌具有很强的分解纤维素的能力，茎叶中纤维素给真菌的繁衍带来了足够的营养及微生态条件。真菌一旦遇上相适应的气候，即可在基料中蔓延，封闭基料通道，消耗营养，吞噬具有良性缓冲作用的其他微生物，严重破坏基料的微生态环境及生态环境。从而导致蚯蚓患病，甚至死亡。

4. 寄生性疾病

寄生性疾病是由寄生虫引起的疾病和伤害。这种疾病有两种情况，一种是虫体直接寄生于蚓体内外所引起的直接性危害，另一种是虫体寄生于载体中所引发的间接性危害。

（二）蚯蚓常见疾病及其防治

1. 绿僵菌孢病

（1）病因

该病的病原体为绿僵菌，由于该菌的适应温度偏低，故对蚯蚓的致病能力仅表现在春季和秋季。多因基料灭菌不严所引起，特别需注意的是，食用菌废基料中绿僵菌繁殖特别快，其孢子的活性也特别强，是该病的主要感染源。

（2）症状

病蚓初期无明显症状，当发现蚓体表面泛白时蚯蚓已停食，几天便瘫软而死。尸体白而出现干枯萎缩环节，口及肛门处有白色菌丝伸出，并逐渐布满尸体表面。取病蚓血液涂片镜检，可发现卵形分生孢子，呈淡绿色，并可见到豆荚状绿僵菌丝。另外，绿僵菌还可能使整个基料或局部基料全部菌化，导致基料生态条件全部丧失而造成蚯蚓全部死亡。该症状具有一显著特征，即被菌化基料全被绿僵菌孢子所包裹，如果基料较干燥时，稍一挑动基料便会出现“绿灰尘”的现象，此症状严重状况下，蚯蚓不可能存活。

（3）防治方法

清除病蚓，并立即更换所有基料。以 100 倍病虫净水溶液喷洒蚓池池壁，全面灭菌。为预防本病，可在春、秋季进行消毒灭菌，

每隔 10 天以 400 倍病虫净水溶液喷洒载体一次；溶液喷洒量按每平方米基料 500~1 000 毫升为宜。

2. 蛋白质中毒症

（1）病因

饲料中含有大量的淀粉、碳化水合物，或含盐分过高，经细菌作用引起酸化，导致蚯蚓胃酸过多。

（2）症状

蚯蚓全身出现痉挛状结节，身体变得短粗，环带红肿，体表大量分泌黏液，常钻入饲料底部不吃不动，最后全身衰竭，体色变白而死亡。

（3）防治方法

掀开覆盖物，让蚓床通气，向蚓床喷洒苏打水或加入石膏粉进行中和。

3. 毒气中毒症

（1）病因

基料底层老化直至腐败，且长时间不透气，使大量的一氧化碳悬浮于载体之间，导致蚯蚓缺氧而涌向表面，继而厌氧性腐败菌、硫化菌等发生作用，使大量的硫化氢、甲烷等毒气不断溢出，造成蚯蚓中毒而死。

（2）症状

病初蚯蚓大量涌出基料表面，有明显的逃离趋势；继而背孔溢出黄色液体，迅速瘫软，成团死亡。该中毒症与农药和食物中毒极易混淆，有两点现象可助区别：一是农药中毒时表面有挣扎状急死现象，少有成堆成团而死亡的，且蚓尸易被水解；二是食物中毒多死亡于饲喂器四周，也少有聚集状尸堆出现。

（3）防治方法

平时要注意基料的通风和基料的生态、微环境的培育，及时更换老化基料，清除蚓粪，垫入增氧剂。发病时，立即向蚓池喷洒清水，并同时将基料全部挖出，薄层摊于阴凉通风处，必要时可以用电扇吹风以加速驱散毒气。

4. 碱中毒症

（1）病因

误施碱性水。新鲜的高剂量药物消毒水，如生石灰消毒水、漂白粉消毒水。误加未发酵的碱性基料。基料湿度长时期过大，或是蚓池池底沉淀污泥长期得不到清除，加之载体通风不良，使其下层氨、氮积聚过量，pH 也随其增高。据测定，每升基料含氨、氮达 39 毫克时其 pH 可上升为 8，即可造成蚯蚓中毒。

（2）症状

蚓体麻痹发呆，继而挣扎，钻出表面，全身水肿膨胀，最后体液由背孔涌出僵化而死。同时可引起蚓卵水解而溃裂。

（3）防治方法

用清水浇灌基料，反复换水浸泡，并通风透气。将食用酯或过磷酸钙细粉以清水稀释，喷入载体进行中和，其用量根据检测结果决定。彻底更换基料，清除重症蚯蚓。

5. 水肿病

（1）病因

蚓床湿度太大，饲料 pH 过高。

（2）症状

蚯蚓水肿膨大、发呆，蚯蚓拼命向外爬，背孔冒出体液，绝食而死。甚至引起蚓茧破裂，或使新产下的蚓茧两头不能收口而染菌

霉烂。

（3）防治方法

开沟沥水，将爬到表层的蚯蚓清理到新鲜饲料床内。在原饲料中加过磷酸钙粉或醋渣、酒糟渣中和。在平时养殖蚯蚓时，必须注意所投喂饲料的 pH，并在日常饲料管理中随时注意观察蚯蚓的健康状况和饲料氢离子浓度的变化，这是养殖蚯蚓中极为重要的环节之一。

6. 萎缩症

（1）病因

饲料配方不合理，或饲料成分含量单一，导致蚯蚓长期营养不良。基料温度长期高于 28℃造成代谢抑制。蚓池太小，基料过薄，导致遮光性太差，蚯蚓长期受光影响体内外生化作用紊乱。基料长期处于低温或高温状态。

（2）症状

蚓体细短，色泽深暗，且反应迟缓，并有拒食反应。

（3）防治方法

加强生态环境和微环境的良性平衡管理。将病蚓分散到正常蚓群中混养，使之逐步恢复正常。

（三）蚯蚓天敌的防范

在自然界或人工养殖环境中，蚯蚓的天敌较多，如各种食肉的野生动物（黄鼠狼、狸、獾、野猪）、鸟类、蛇类、鼠类、两栖类（蛙、蟾蜍）、各种节肢动物（蚂蚁、蝼蛄、蟑螂）等。尤其是各种鼠类如家鼠、田鼠等非常喜食蚯蚓，并常打洞钻进养殖场内食取蚯蚓和饲料，对蚯蚓养殖威胁很大。各种蚂蚁，不仅喜食蚯蚓，而且也取食饲料，常在饲料箱或料堆建巢，也常将蚓茧拖入蚁巢中食用，对幼蚓威胁较大。另外，许多多足动物、陆生软体动物，如蜘蛛、蜈蚣、蜗牛、蛞蝓等也食取蚯蚓。

人工养殖蚯蚓，可以根据不同的养殖方式，针对不同的蚯蚓天敌的生活习性，加以防范和防治。如为防止鼠、蛇、蛙、蚂蚁等天敌的侵袭，可采用笼网或在养殖床周围挖设水沟等进行防范。当发现有老鼠侵入时，可用灭鼠药或电猫杀灭；当有蚂蚁、蟑螂、蝼蛄等侵害时，可用百虫灵等农药喷杀，以保证安全养殖。

参考文献

白庆余，1988．药用动物养殖学［M］．北京：林业出版社．

陈德牛，张国庆，1997．蚯蚓养殖技术［M］．北京：金盾出版社．

陈义，1956．中国蚯蚓［M］．北京：科学出版社．

李顺才，董超华，冯娅，等，2011．蟾蜍养殖新技术［M］．武汉：湖北科学技术出版社．

刘凌云，2010．普通动物学［M］．4版．北京：高等教育出版社．

刘耀辉，1984．蚯蚓养殖问答［M］．沈阳：辽宁科学技术出版社．

潘红平，2011．蚯蚓高效养殖技术一本通［M］．北京：化学工业出版社．

孙振锪，2004．蚯蚓反应器与废弃物肥料化技术［M］．北京：化学工业出版社．

王琦，2001．蜗牛蚯蚓养殖必读［M］．北京：科学技术文献出版社．

许智芳，1985．蚯蚓及其养殖［M］．北京：科学出版社．

原国辉，2003．蚯蚓人工养殖技术［M］．郑州：河南科学技术出版社．

曾中平，1982．蚯蚓养殖学［M］．武汉：湖北人民出版社．

周天元，2002．蚯蚓无土高效养殖新技术［M］．天津：天津科学技术出版社．